Basiswissen Ingenieurmathematik
Band 1

Georg Schlüchtermann · Nils Mahnke

Basiswissen Ingenieurmathematik Band 1

Logik, Mengen, Zahlen, Folgen, Reihen

2., korrigierte und erweiterte Auflage

Springer Vieweg

Georg Schlüchtermann
Fakultät Maschinenbau, Fahrzeugtechnik und Flugzeugtechnik
Hochschule München
München, Deutschland

Nils Mahnke
FOM Fachschule für Oekonomie und Management gGmbH
Hochschulstandort Hamburg
Essen, Deutschland

ISBN 978-3-658-35335-3 ISBN 978-3-658-35336-0 (eBook)
https://doi.org/10.1007/978-3-658-35336-0

Die Deutsche Nationalbibliothek verzeichnet diese Publikation in der Deutschen Nationalbibliografie; detaillierte bibliografische Daten sind im Internet über http://dnb.d-nb.de abrufbar.

Planung/Lektorat: Ellen Klabunde
Springer Vieweg ist ein Imprint der eingetragenen Gesellschaft Springer Fachmedien Wiesbaden GmbH und ist ein Teil von Springer Nature.
Die Anschrift der Gesellschaft ist: Abraham-Lincoln-Str. 46, 65189 Wiesbaden, Germany

Vorwort

Vorwort zur 1. Auflage

Ein Buch über Ingenieurmathematik zu schreiben, bedeutet, zu der umfangreichen Anzahl von bestehenden Monographien eine weitere hinzuzufügen. Neue Forschungsergebnisse finden hier natürlich keinen Eingang. Aus unseren Erfahrungen an verschiedenen Hochschulen bzw. Fachbereichen, wollten wir den Kanon zusammenstellen, der unserer Meinung nach für eine große Anzahl von Anwendungen im Bereich der vor allem technischen Ingenieurwissenschaften notwendig ist.

Diese Monographie stellt den ersten Teil einer Reihe von kleinen Lehrbüchern dar, die im Prinzip den Lehrkanon von zwei Semestern des Bachelorstudiums für Nichtmathematiker abdeckt. Die klassische Darstellung einer umfassenden Monographie, wie sie vornehmlich Standard ist, wollten wir in kleine Häppchen oder „Nuggets" aufteilen. Nicht jeder benötigt den gesamten Inhalt für das Basiswissen in Mathematik, welches für Ingenieure, Naturwissenschaftler, Wirtschaftswissenschaftler und andere Studierende wie Lehrende, die mit Mathematik als Nebenfach in Berührung kommen, notwendig ist.

Für die Arbeit mit mathematischen Themen möchten wir noch ein paar Empfehlungen, insbesondere zum Lernen der mathematischen Fachsprache, angeben.

Schaffen Sie sich ein möglichst störungsfreies Umfeld. Lesen Sie genau und hinterfragen Sie alle Begriffe, Bedeutungen und Regeln.

Notieren Sie nach jedem Kapitel eine kurze Zusammenfassung der wesentlichen Inhalte für Sie selbst, gerne auch stichpunktartig oder als Mind-Map.

Bearbeiten Sie die Übungsaufgaben aus dem jeweiligen Kapitel und üben Sie das formal korrekte Notieren Ihrer Lösungswege und Lösungen. Bedenken Sie dabei, dass ein Studium dokumentationsorientiert ist (nicht rein ergebnisorientiert) und es Zeit und Übung benötigt, Argumentationsketten hin zu einem relevanten Ergebnis zu formulieren und bei Rechenübungen in der mathematischen Formelsprache zu notieren.

Prüfen Sie sich nach jedem Kapitel selbst. Notieren Sie z. B. Definitionen und Sätze sowie mögliche Prüfungsfragen, z. B. auf Karteikarten.
All dies mag zwar anfangs etwas mehr Zeit in Anspruch nehmen, wird aber mit der Übung immer weniger Zeit benötigen, Ihr Verständnis vertiefen und Ihre Fertigkeit im Umgang mit der Mathematik deutlich verbessern.
Galileo Galilei soll einmal gesagt haben, *ohne die mathematische Sprache würde man im Buch der Natur kein einziges Wort verstehen* und so ist es unsere Motivation neben der Sprache der Mathematik gleichzeitig die Lust zur Erkenntnis zu eröffnen und einen gewissen Spaß zu bewahren.
Unser besonderer Dank gilt Mikaado-Grafikdesign Monika Mahnke für das Erstellen der mathematischen Comics zu unserem Lehrbuch und Herrn Thomas Zipsner für das detaillierte Lektorat.

Prof. Dr. Nils Mahnke München, im Sep. 2020
Prof. Dr. Georg Schlüchtermann

Vorwort zur 2. Auflage

Dank der vielen positiven Rückmeldungen und Anmerkungen zu unserer ersten Auflage des Buches, haben wir in Zusammenarbeit mit dem Springer-Verlag diese in einer zweiten Auflagen auch zeitnah umsetzen können. Neben den Lösungen zu den Kurzaufgaben zum Verständnis konnten wir noch drei Probeklausuren und einige zusätzliche Übungsaufgaben mit in das Buch aufnehmen, was seine Einsatzmöglichkeiten als Lehr- und Übungsbuch deutlich erweitert.

Prof. Dr. Nils Mahnke München, im Jul. 2021
Prof. Dr. Georg Schlüchtermann

Inhaltsverzeichnis

1. Einleitung

Lernen und nicht denken ist unnütz. Denken und nicht lernen ist zwecklos.

Konfuzius (551 - 479 v. Chr.)

Diese Buch richtet sich damit vor allem an Studierende wie Lehrende im Bachelorstudium an Fachhochschulen und Universitäten, die nicht die Ziele des reinen Mathematikstudiums verfolgen.
Da uns eine möglichst große Leserschaft am Herzen lag, sind Beweise soweit es geht ausgelagert worden, wenn sie nicht zum Fortgang notwendig erscheinen oder den Sachverhalt unterstützend erläutern.
Jedes Kapitel wird durch Kurzaufgaben zum Verständnis und zahlreiche Übungsaufgaben ergänzt, die verschiedene Schwierigkeitsgrade aufweisen und zum Teil auch Beweisideen verlangen.
Genau genommen haben wir die Übungen zu den einzelnen Kapiteln subjektiv nach ihren Schwierigkeitsgraden in die folgenden Klassen eingeteilt [1] :

Kl A: Routineaufgaben, die aber auch methodisch aufwendig sein können

Kl B: Aufgaben, die Mittels der behandelten Sätze lösbar sind, aber ein erweitertes Verständnis erfordern

Kl C: Aufgaben, die zusätzlich (zu den Anforderungen in B:) oft eine Idee und den richtigen Überblick erfordern

Kl D: Aufgaben, zu deren Lösung ein tiefes Verständnis, ein sehr guter Überblick und oft viel Phantasie erforderlich sind

[1] Im Angelsächsischen werden die gegebenen Einteilungen auch gerne wie folgt bezeichnet: A: „Allright“ B:„Best Practice“ C: „Challenging“ D: „Deep Thinking“

G. Schlüchtermann und N. Mahnke, *Basiswissen Ingenieurmathematik Band 1*,
https://doi.org/10.1007/978-3-658-35336-0_1

Die Einbindung von Anforderungen auf den D:Niveau, soll hier vor allem deutlich machen, dass Mathematik zwar Rechenformalismen verwendet aber schlussendlich sich in einem viel umfassenderen Kontext abspielt.
Zum Selbsttest finden sich im Anschluss an das letzte Kapitel noch drei Probeklausuren zu den Inhalten dieses Buches. Mit diesen kann in einem festen Zeitrahmen (60min, 90min oder 120min) geprüft werden, wie fit man bereits für eine Prüfung in Mathematik sein mag.
Durch diese Zugangsweise wollen wir den Leser vom rechenformalen Umsetzen bis zum intensiveren Nachdenken motivieren.
Mathematik, und das werden alle wissen, die sich auch als „Nichtmathematiker" mit unserer Wissenschaft beschäftigt haben, verlangt ein gehöriges Maß an ständiger Auseinandersetzung mit den Inhalten und dem Üben der Materie, was man blumig auch als ein dauerhaftes „Kauen" bezeichnen könnte.
Obwohl wir nicht den Aufbau nach dem üblichen Muster „Lemma - Proposition - Satz - Korollar" wählen, wollen wir dennoch die fundamentalen Ideen der behandelten Themen herleiten oder durch Analogieschlüsse motivieren. Bedeutsame Ergebnisse bzw. Eigenschaften werden dann auch jeweils in einem Satz formuliert, insbesondere wenn sie sich aus der Geschichte einem Gelehrten zuordnen lassen. Aus diesem Grund haben wir hier und da einige Geschichten der beteiligten Personen, d.h. verantwortlichen Mathematiker*innen, eingestreut. Es stehen eben immer Menschen und Ihre Schicksale hinter den Entwicklungen, den großen und kleinen Fortschritten der Mathematik.
Das Buch beginnt mit dem Kapitel der Aussagenlogik, welche für Formulierungen in der mathematischen Fachsprache unerlässlich ist, behandelt anschließend die Mengenlehre und kann nahtlos in die Zahlenmengen und deren Eigenschaften übergehen. Es folgt ein Kapitel zu Folgen und Reihen, insbesondere da die Konzepte von Folgen und Reihen im Schulkanon der Mathematik bereits seit Langem aus dem Lehrplan genommen wurden. Jedoch bildet das Wissen über Folgen und Reihen die Basis und damit den Zugang zu Themen der höheren Mathematik, insbesondere auch im Zeitalter der Informatik und der Algorithmen.
Das Buch schließt ab mit einem Kapitel über die komplexen Zahlen, welche neben ihrer direkten Anwendbarkeit in der Elektrotechnik, z.B. bei der Beschreibung und Berechnung von Systemen und Schaltkreisen, die einer Wechselspannung unterliegen, auch in der Erweiterung der Mathematik im Allgemeinen, z.B. bei dem später noch zu behandelnden Konzept der Funktionen, eine maßgebliche Rolle spielen.
Man kann sagen, die reellen Zahlen sind der Feldweg, während die kom-

plexen Zahlen die Autobahn darstellen und beides wird in diesem Buch vorbereitet sein.
Wir wünschen viel Freude beim Lesen und Durcharbeiten, auf dass viele Ihren Wege in die wunderbare Mathematik finden mögen.

2. Aussagenlogik

Logik ist nicht logisch

A.Nonimus (1000 v. Chr. - heute)

In Frank Stocktons Geschichte „Die Lady oder der Tiger“ (siehe [DOT]) wird ein Gefangener von einem König gezwungen zwischen zwei Räumen zu wählen, wobei sich in dem einen eine Dame befindet und in dem anderen ein hungriger Tiger lauert.
Wählt er die Dame, kann er sie heiraten und ist frei. Wählt er den Tiger, so wird er zum Frühstück und sein Leben endet.
Der Gefangene steht jetzt vor den zwei Türen und diese sind wie folgt beschriftet:

Raum 1	Raum 2
In diesem Raum ist eine Dame und in dem anderen Raum ist ein Tiger.	In einem dieser Räume ist eine Dame und in einem dieser Räume ist ein Tiger.

Der König lässt den Gefangenen wissen, das ein Schild richtig sei und das andere falsch.

Wie sollte sich der Gefangene entscheiden?
(Hierbei soll vorausgesetzt sein, dass dem Gefangenen die Dame lieber ist als der Tiger.)

Für den Gefangenen ergibt sich aus den Voraussetzungen nur eine mögliche Argumentation:

G. Schlüchtermann und N. Mahnke, *Basiswissen Ingenieurmathematik Band 1*,
https://doi.org/10.1007/978-3-658-35336-0_2

- Es gibt einen Raum mit einer Dame und einen mit einem Tiger (zumindest hat das der König gesagt und wir glauben ihm mal).
- Dann ist mit Sicherheit das Schild von Raum 2 das mit dem richtigen Satz.
- Folglich muss das Schild von Raum 1 falsch sein, da ja eines der Schilder richtig und eines der Schilder falsch sein sollte.
- Da auf dem Schild von Raum 1 ausgesagt wird, dass sich die Dame in Raum 1 befindet, muss sich die Dame in Raum 2 befinden.

Eine solche schrittweise Entscheidung war nur möglich, weil der Gefangene in der Lage war, bei jedem Satz, sei er vom König gesprochen oder auf den Schildern notiert, eindeutig entscheiden zu können, ob er richtig (wahr) oder falsch in seiner Aussage war. Für solche Sätze wollen wir nun erklären.

Definition 2.0.1.
Ein sprachliches Gebilde, das seinem Inhalt nach entweder wahr oder falsch ist, nennt man eine Aussage.

Dabei sei anzumerken, dass die "Definition" der Aussage nicht wirklich eine Definition im engeren Sinne ist, sondern eine Erklärung des Begriffs „Aussage“, da sie Begriffe enthält, die ihrerseits wieder definiert werden müssten („sprachliches Gebilde“, „Inhalt“, ...).
Es ist aber festzuhalten, dass man einer Aussage immer einen exakten Wahrheitsgehalt zuweisen kann. Mit anderen Worten, man ist bei einer Aussage immer in der Lage zu entscheiden, ob diese *wahr* oder *falsch* ist. Wir abstrahieren damit und reduzieren eine Aussage A auf das Wesentliche, nämlich, dass der Wahrheitswert von A stets eindeutig als *wahr* oder *falsch* feststellbar ist ("tertium non datur") und schreiben [1]

	A
wahr	w
falsch	f

Vor allem bei Formulierungen der mathematischen Fachsprache ist die Entscheidung über den Wahrheitswert i.A. eindeutig zu fällen.

[1] Alternativ werden in der Literatur auch die folgenden Bezeichnungen für die Wahrheitswerte geführt: "wahr": w, 1, true, "falsch": f, 0, false

Als ein Grundbaustein unserer Sprache wird immer wieder auch die Verneinung einer Aussage verwendet. Allerdings wird bei einer Verneinung umgangssprachlich gerne das „Gegenteil“ verwendet. So verwendet man in der Verneinung z. B. der Aussage „Er ist groß“ umgangssprachlich gerne „Er ist klein“. Für die Einführung einer Verneinung oder Negation einer Aussage ist eine solche Gegenteilsforderung zu ungenau, da eine Aussage ja nur die Wahrheitswerte „wahr“ oder „falsch“ annehmen kann. Was sich aber fordern ließe, wäre eine Umkehr des jeweiligen Wahrheitswertes in den jeweils anderen und so definiert man

Definition 2.0.2. ***Die Negation:*** $\neg$
Sei A eine Aussage. Dann ist die Negation von A, geschrieben als $\neg A$, wie folgt definiert

A	$\neg A$
w	f
f	w

Bemerkungen 2.0.1.

- *In der Literatur existiert für die Negation $\neg A$ alternativ auch die folgende Symbolik: $\overline{A}$.*
- *Gelesen wird die Schreibweise $\neg A$ als „nicht A“, „non A“, „NOT A“ oder „A quer“ im Falle der Notation $\overline{A}$. Wir werden konsequent die Symbolik $\neg A$ verwenden.*
- *Begreift man die Negation als Operation auf einer Aussage, so ergibt sich durch doppelte Anwendung der Negation $\neg(\neg A)$ wieder A.*

In unserem Beispiel würde die Negation der Aussage „Er ist groß“ damit „Er ist nicht groß“ lauten und genau in diesem Punkt der aussagenlogischen Verneinung kommt es oft zu Missverständnissen, wenn hier nicht eindeutig von der umgangssprachlichen Verneinung durch das „Gegenteil“ unterschieden wird. Eine eindeutige Negation einer Aussage ist immer dadurch formulierbar, wenn vor der sprachlich formulierten Aussage der Zusatz „Es trifft nicht zu, dass...“ einfügt wird.
In unserem Beispiel würde dann die Aussage „Er ist groß“ durch „Es ist trifft nicht zu, dass er groß ist“ in ihrer Negation formuliert werden.

2.1 Junktoren

Wir können damit eine Aussage durch ihre Wahrheitswerte abstrahieren und ihre Negation formulieren.
In der Sprache verknüpfen wir jedoch immer wieder Aussagen, wie z. B. „Die Studentin hatte eine $2,3$ in der ersten Prüfung und eine $1,7$ in der zweiten“ und so sollen die Varianten der Verknüpfung von Aussagen in der Aussagenlogik definiert und formalisiert werden.
Um bei unserem Beispiel zu bleiben, „Die Studentin hatte eine $2,3$ in der ersten Prüfung und eine $1,7$ in der zweiten“, so werden hier die beiden Aussagen

A: „Die Studentin hatte eine $2,3$ in der ersten Prüfung“

B: „Die Studentin hatte eine $1,7$ in der zweiten Prüfung“

mit dem Wort „und“ verknüpft.
Dabei entstand eine neue Aussage, deren Wahrheitswert vom der Kombination der Wahrheitswerte der einzelnen Teilaussagen abhängt. Das allgemeine Sprachempfinden sagt einem, dass die kombinierte Aussage, „Die Studentin hatte eine $2,3$ in der ersten Prüfung und eine $1,7$ in der zweiten“ ,nur dann wahr sein kann, wenn in dieser Verknüpfung durch das „und“ beide Teilaussagen wahr sind. In allen anderen Fällen wäre die Aussage „Die Studentin hatte eine $2,3$ in der ersten Prüfung und eine $1,7$ in der zweiten“ falsch.
Die Verknüpfung von zwei Aussagen, auch Junktion genannt, mit Hilfe des sogenannten Junktors „und“ kann vollständig durch das Auflisten der vier möglichen Kombinationen der Wahrheitswerte der beiden Teilaussagen und dem daraus folgenden Wahrheitswert der kombinierten Aussage festgelegt werden. Damit definiert man als ersten aussagenlogischen Junktor die **Konjunktion (symbolisch: $\wedge$)** durch die folgende **Wahrheitswertetabelle**:

Definition 2.1.1. ***Die Konjunktion:*** $\wedge$

A	B	$A \wedge B$
w	w	w
f	w	f
w	f	f
f	f	f

Bemerkungen 2.1.1.

- *Die Konjunkion $A \wedge B$ ist genau dann wahr, wenn sowohl A, als auch B wahr sind.*
- *Gelesen wird die Schreibweise $A \wedge B$ als „A konjugiert B“, „A AND B“ oder einfach als „A und B“.*
- *In der Literatur können für die Konjunktion $A \wedge B$ alternativ auch noch die folgenden Symboliken existieren: $A \cdot B$, AB, $A \cap B$ oder $A\&B$.*

  Wir werden konsequent die Symbolik $A \wedge B$ verwenden.

Da die Konjunktion als Junktor nur die folgenden Paare (w, w), (w, f), (f, w), (f, f) von Wahrheitswerten dem Paar von Aussagen (A, B) zuordnet, ließen sich auf gleiche Weise bis zu 15 weitere Junktoren als mögliche Wahrheitswertekombinationen zu dem gegebenen Paar (A, B) finden. Diese möglichen Kombinationen von Wahrheitswerten listen wir in den folgenden zwei Tabellen auf und benennen die zugehörigen Junktoren allgemein mit J_i $(i = 1, ..., 16)$:

(A, B)	J_1	J_2	J_3	J_4	J_5	J_6	J_7	J_8
(w, w)	w	w	w	w	f	w	w	f
(w, f)	w	w	w	f	w	w	f	w
(f, w)	w	w	f	w	w	f	w	w
(f, f)	w	f	w	w	w	f	f	f

(A, B)	J_9	J_{10}	J_{11}	J_{12}	J_{13}	J_{14}	J_{15}	J_{16}
(w, w)	f	f	w	w	f	f	f	f
(w, f)	w	f	f	f	w	f	f	f
(f, w)	f	w	f	f	f	w	f	f
(f, f)	w	w	w	f	f	f	w	f

In der zweiten Tabelle entspricht dann der Junktor J_{12} in seinen Wahrheitswerten der Konjunktion $\wedge$.
Von diesen 16 möglichen Junktoren finden in der Mathematik vornehmlich aber nicht ausschließlich, neben J_{12}, noch die Junktoren J_2, J_4 und J_{11} Anwendung. Diese Junktoren wollen wir als Standardbausteine der

Mathematischen Fach- und Formelsprache im Folgenden benennen und besprechen.
Beginnen wir mit der Disjunktion (J_2) anhand eines Beispiels. Trifft jemand über einen Studenten die folgende Aussage „Er kommt aus München oder studiert Informatik“, so besteht diese aus den zwei Teilaussagen

A: „Er kommt aus München“

B: „Er studiert Informatik“,

welche über ein „oder“ miteinander verknüpft sind. Nach umgangssprachlichem Empfinden ist die verknüpfte Aussage wahr, wenn sowohl A als auch B wahre Aussagen sind. Die verknüpfte Aussage ist zudem immer noch wahr, wenn je eine Aussage falsch und eine wahr ist. Sie ist nur dann als falsch zu werten, wenn beide Teilaussagen, A und B, gleichzeitig nicht zutreffen würden.
Der Junktor „oder“, die sogenannte Disjunktion, welcher die Aussagen A und B verknüpft, gibt damit immer den Wahrheitswert „wahr“ wieder, solange mindestens eine der beiden Aussagen wahr ist und wir definieren die Disjunktion über ihre Wahrheitswertetabelle.

Definition 2.1.2. ***Die Disjunktion:*** $\vee$

A	B	$A \vee B$
w	w	w
f	w	w
w	f	w
f	f	f

Bemerkungen 2.1.2.

- *Gelesen wird die Schreibweise $A \vee B$ als „A disjungiert B“, „A OR B“ oder einfach als „A oder B“.*

- *In der Literatur können für die Disjunktion $A \vee B$ alternativ auch noch die folgenden Symboliken existieren: $A + B$ oder $A \cup B$.*

  Wir werden konsequent die Symbolik $A \vee B$ verwenden.

- *Zu beachten ist bei der Disjunktion, dass unter dem umgangssprachlich verwendeten „oder" oft ein „entweder, oder" verstanden wird, so zum Beispiel in der Aussage „Er kam aus Hamburg oder Berlin", in der man üblicher Weise nicht davon ausgeht, dass die genannte Person sowohl aus Hamburg, als auch aus Berlin kam. In der Aussagenlogik muss dieser Unterschied in der Verwendung des „oder" gegenüber dem „entweder, oder" immer berücksichtigt werden, um die Eindeutigkeit einer verknüpften Aussage gewährleisten zu können. Das „entweder, oder" steht deshalb für den Junktor der Alternative, dessen Wahrheitswerte in der Junktorentabelle auf Seite (9) unter J_8 zu finden sind.*

Betrachtet man in der Wahrheitswertetabelle der Disjunktion einmal den letzten Fall, in dem sowohl A als auch B „falsch" sind (symbolisch $A : f$ und $B : f$) und $A \vee B$ dann den Wert „falsch" annimmt ($(A \vee B) : f$), so kann man Folgendes überlegen:

- Gilt $(A \vee B) : f$, dann muss für die Negation $\neg(A \vee B) : w$ gelten, wenn $A : f$ und $B : f$.
- Sind $A : f$ und $B : f$, dann gilt für ihre Negationen $\neg A : w$ und $\neg B : w$.
- Dann muss aber für die Konjunktion von $\neg A : w$ und $\neg B : w$ gelten $(\neg A \wedge \neg B) : w$.
- Damit besitzen $\neg(A \vee B)$ und $\neg A \wedge \neg B$ den gleichen Wahrheitswert, falls $A : f$ und $B : f$.

Es stellt sich nun die Frage, ob $\neg(A \vee B)$ und $\neg A \wedge \neg B$ vielleicht für alle Wahrheitswertekombinationen von A und B immer den gleichen Wahrheitswert besitzen.
Diese Frage lässt sich mit Hilfe einer Wahrheitswertetabelle beantworten, in der man die einzelnen Kombinationen der Wahrheitswerte von A und B und $\neg A$ und $\neg B$ denen von $\neg(A \vee B)$ und $\neg A \wedge \neg B$ gegenüberstellt.

A	B	$\neg A$	$\neg B$	$A \vee B$	$\neg(A \vee B)$	$\neg A \wedge \neg B$
w	w	f	f	w	f	f
f	w	w	f	w	f	f
w	f	f	w	w	f	f
f	f	w	w	f	w	w

Die beiden rechten Spalten der Wahrheitswertetabelle enthalten exakt die selben Wahrheitswerte als Einträge, weshalb man sagen kann, dass $\neg(A \vee B)$ dann $\neg A \wedge \neg B$ entspricht. Um das „entspricht " aus dem letzten Satz genauer zu fassen, verwendet man den Junktor der Äquivalenz, dessen Wahrheitswerte in der Junktorentabelle auf Seite (9) unter J_{11} zu finden sind, und nennt zwei Aussagen, welche hinsichtlich ihrer Wahrheitswerte gleich sind, äquivalent. Auch der Junktor der Äquivalenz wird über seine Wahrheitswerte definiert.

Definition 2.1.3. ***Die Äquivalenz:*** $\Leftrightarrow$

A	B	$A \Leftrightarrow B$
w	w	w
f	w	f
w	f	f
f	f	w

Bemerkungen 2.1.3.

- *Gelesen wird die Schreibweise $A \Leftrightarrow B$ als „A genau dann, wenn B" oder einfach als „A ist äquivalent zu B".*
- *Die Äquivalenz wird in der Literatur auch als „Koimplikation", „Bijunktion" oder „materiale Äquivalenz" bezeichnet.*
- *In der Literatur können für die Äquivalenz $A \Leftrightarrow B$ alternativ auch noch die folgenden Symboliken existieren: $A \leftrightarrow B$ oder $A \sqcap B$.*

  Wir werden konsequent die Symbolik $A \Leftrightarrow B$ verwenden.

Mit Hilfe der Äquivalenz lässt sich die Beziehung zwischen $\neg(A \vee B)$ und $\neg A \wedge \neg B$ als aussagenlogisches Gesetz schreiben:

$$\neg(A \vee B) \Leftrightarrow (\neg A \wedge \neg B)$$

Es handelt sich um das Verneinungsgesetz der Disjunktion von De Morgan.

Für die Junktoren der Disjunktion und der Konjunktion können zusammen mit der Negation von Aussagen die folgenden aussagenlogischen Gesetze formuliert werden, welche sich alle über Wahrheitswertetabellen beweisen lassen.

Seien im Folgenden A, B und C drei Aussagen.

1. Die Kommutativgesetze

$$A \wedge B \Leftrightarrow B \wedge A$$

$$A \vee B \Leftrightarrow B \vee A$$

2. Die Assoziativgesetze

$$(A \wedge B) \wedge C \Leftrightarrow A \wedge (B \wedge C)$$

$$(A \vee B) \vee C \Leftrightarrow A \vee (B \vee C)$$

3. Die Distributivgesetze

$$A \vee (B \wedge C) \Leftrightarrow (A \vee B) \wedge (A \vee C)$$

$$A \wedge (B \vee C) \Leftrightarrow (A \wedge B) \vee (A \wedge C)$$

4. Die Idempotenzgesetze

$$A \wedge A \Leftrightarrow A$$

$$A \vee A \Leftrightarrow A$$

5. Die Absorptionsgesetze

$$A \vee (A \wedge B) \Leftrightarrow A$$

$$A \wedge (A \vee B) \Leftrightarrow A$$

6. Das Gesetz der doppelten Negation

$$\neg(\neg A) \Leftrightarrow A$$

7. Die Gesetze von De Morgan

$$\neg(A \vee B) \Leftrightarrow (\neg A \wedge \neg B)$$

$$\neg(A \wedge B) \Leftrightarrow (\neg A \vee \neg B)$$

Viele dieser Gesetze bilden die logische Grundlage für die im Kapitel 3.4 zu behandelden Gesetze der Zahlenalgebra, wobei $\wedge$ durch den Multiplikationspunkt $\cdot$, $\vee$ durch das Additionszeichen $+$ und der Äquivalenzpfeil $\Leftrightarrow$ durch das Gleichheitszeichen ersetzt wird.
Um die Liste der von uns betrachteten Junktoren zu vervollständigen, betrachten wir noch den für das folgernde Schließen notwendige Junktor der Implikation, dessen Wahrheitswertezuordnung in der Tabelle auf Seite 2.1 unter J_4 aufgelistet ist.

Definition 2.1.4. ***Die Implikation:*** $\Rightarrow$

A	B	$A \Rightarrow B$
w	w	w
f	w	f
w	f	w
f	f	w

Bemerkungen 2.1.4.

- *Gelesen wird die Schreibweise $A \Rightarrow B$ als „wenn A, dann B“ oder einfach als „aus A folgt B“.*
- *Die Implikation wird in der Literatur auch als „Subjunktion“ oder „materiale Implikation“ bezeichnet.*
- *In der Formulierung $A \Rightarrow B$ wird A als die Prämisse und B als die Konklusion bezeichnet.*
- *In der Literatur können für die Implikation $A \Rightarrow B$ alternativ auch noch die folgenden Symboliken existieren: $A \rightarrow B$ oder $A \prec B$.*

  Wir werden konsequent die Symbolik $A \Rightarrow B$ verwenden.

Die Implikation ist nur genau dann falsch, wenn aus einer wahren Aussage eine falsche folgt. Um dieses zu verdeutlichen, betrachten wir das folgende Beispiel.

Beispiel 2.1.1.
Ein Teilnehmer eines mathematischen Vorkurses stellt fest „Wenn ich die letzte Straßenbahn verpasse, die mich gerade noch rechtzeitig zum Kursort bringt, dann komme ich zu spät zum mathematischen Vorkurs.“

Wir gehen dabei davon aus, dass der Kursteilnehmer keine alternative Transportform für seine Anreise zum Kursort zur Verfügung hat.
Die Schilderung des Kursteilnehmers entspricht der Implikation der folgenden zwei Aussagen

A: „Ich verpasse die letzte Straßenbahn, die mich gerade noch rechtzeitig zum Kursort bringt."

B: „Ich komme zu spät zum mathematischen Vorkurs."

Betrachtet man jetzt die einzelnen Wahrheitswertekombinationen, so ergibt sich

1.

A	B	$A \Rightarrow B$
w	w	w

$A \Rightarrow B$ ist wahr, da aus dem Verpassen der letzten Straßenbahn sicher das Zuspätkommen zum mathematischen Vorkurs folgen wird.

2.

A	B	$A \Rightarrow B$
f	w	w

$A \Rightarrow B$ ist auch in diesem Fall wahr, da aus dem Nicht-Verpassen der letzten Straßenbahn das Zuspätkommen zum mathematischen Vorkurs folgen kann. Der Kursteilnehmer könnte z. B. auf dem Weg zum Vorkurs trödeln.

3.

A	B	$A \Rightarrow B$
f	f	w

$A \Rightarrow B$ ist auch in diesem Fall wahr, da aus dem Nicht-Verpassen der letzten Straßenbahn das Nicht-Zuspätkommen zum mathematischen Vorkurs folgen kann.

4.

A	B	$A \Rightarrow B$
w	f	f

$A \Rightarrow B$ muss in diesem Fall falsch sein, da aus dem Verpassen der letzten Straßenbahn nicht das Nicht-Zuspätkommen zum mathematischen Vorkurs folgen kann.

Bei dem letzten Beispiel sei noch bemerkt, dass die zwei über die Implikation verknüpften Aussage inhaltlich in keiner Weise zusammenhängen müssen. So ist zum Beispiel die Aussage

„Wenn der Mars aus Kaugummi ist, dann ist Hamburg eine Stadt.“

eine wahre Aussage.
Insbesondere folgt für die Implikation, dass B eine notwendige Bedingung für A in $A \Rightarrow B$ ist. Wenn nämlich B nicht gilt, kann auch A nicht gelten, wie man in der folgenden Wahrheitswertetabelle[2] sehen kann.

A	B	$A \Rightarrow B$	$\neg B$	$(A \Rightarrow B) \wedge \neg B$	$\neg A$	$((A \Rightarrow B) \wedge \neg B) \Rightarrow \neg A$
w	w	w	f	f	f	w
f	w	w	f	f	w	w
w	f	f	w	f	f	w
f	f	w	w	w	w	w

Die Aussage $((A \Rightarrow B) \wedge \neg B) \Rightarrow \neg A$ ist dabei eine für jede Wahrheitswertekombination von A und B wahre Aussage, eine sogenannte *Tautologie*. Sie sagt aus, dass aus der Gültigkeit der Aussage A immer auch die Gültigkeit der Aussage B folgen muss oder einfacher gesagt „Ohne dass B zutrifft, kann A nicht sein“ und „trifft B nicht zu, so kann A auch nicht sein.“

2.1.1 Kurzaufgaben zum Verständnis

1. Es sei A : „Die Lebensdauer der Maschine ist mindestens 5 Jahre“. Was bedeutet $\neg A$?

   □ Die Lebensdauer der Maschine kann 5 Jahre sein.

   □ Die Lebensdauer der Maschine ist nie 5 Jahre.

   □ Die Lebensdauer der Maschine ist höchstens 5 Jahre.

[2] Die Wahrheitswertetabelle wird beim Erstellen Spalte für Spalte von links nach rechts aufgebaut.

2. Es seien A und B Aussagen. Die logischen Implikationen

$$A \Rightarrow (B \Rightarrow A)$$

sind

- □ immer falsch.
- □ nur wahr, wenn A richtig ist.
- □ immer wahr.

3. Ist A wahr und B falsch, dann ist $(A \Rightarrow B) \Rightarrow \ (A \wedge \neg B)$

- □ wahr.
- □ falsch.

4. Es seien A und B Aussagen. Die logische Äquivalenz

$$[A \vee (B \wedge A)] \Leftrightarrow A$$

ist

- □ immer wahr.
- □ immer falsch.
- □ nur wahr, wenn B richtig ist.

5. Sind A und B wahr, so ist

$$(\neg A \wedge B) \vee (A \wedge \neg B)$$

- □ falsch.
- □ wahr.

6. Es seien A :„Der Himmel ist grün“ und B :„Das Wasser ist nass“ zwei Aussagen. Dann ist $(A \vee (\neg A \wedge B)$

- □ falsch.
- □ wahr.
- □ nicht entscheidbar.

2.1.2 Übungen

Lösungsvideos zu den Übungen können auf www.lsgn24h.de über die Eingabe des Lösungscodes abgerufen werden.

Kl A:

1. Welche der folgenden sprachlichen Konstrukte sind Aussagen?
   (a) 19 ist eine Zahl.
   (b) Es gibt keine gerade Primzahl.
   (c) $8 \cdot 3 = 24$
   (d) $5 - 19 = 6$
   (e) Wie spät ist es?
   (f) Multipliziere ein Auto.
   (g) Alle Vielfachen von 1 sind gleich 5.
   (h) München ist eine Großstadt.

   (Lösungscode: SB01AL0A001)

2. Beweisen Sie mit Hilfe einer Wahrheitswertetabelle das Verneinungsgesetz der Konjunktion von De Morgan

$$\neg(A \land B) \Leftrightarrow (\neg A \lor \neg B)$$

   (Lösungscode: SB01AL0A002)

3. Beweisen Sie jeweils mit Hilfe einer Wahrheitswertetabelle die folgenden aussagenlogischen Gesetze (A und B seien Aussagen.)
   (a)

$$\neg(A \Rightarrow B) \Leftrightarrow (A \land \neg B)$$

   (Lösungscode: SB01AL0A003)

   (b)

$$(A \Rightarrow B) \Leftrightarrow (\neg B \Rightarrow \neg A)$$

   (Die Kontrapositionsregel)

   (Lösungscode: SB01AL0A004)

(c)

$$(A \Leftrightarrow B) \Leftrightarrow ((A \Rightarrow B) \wedge (B \Rightarrow A))$$

(Lösungscode: SB01AL0A005)

Kl B:

1. Konstruieren Sie nur mit den im Kapitel behandelten Junktoren aus zwei Aussagen A und B eine Kontradiktion, eine in allen Wahrheitswertekombinationen von A und B falsche Aussage.

   (Lösungscode: SB01AL0B001)

2. Konstruieren Sie nur mit den im Kapitel behandelten Junktoren aus zwei Aussagen A und B eine Replikation („$\leftarrow$“), eine nur in der Wahrheitswertekombinationen von $A : f$ und $B : w$, für $A \leftarrow B$ falsche Aussage.

   (Lösungscode: SB01AL0B002)

3. Student Oskar ist zurückhaltend. Trotz seiner Schüchternheit haben ihn Maria und Josephine in ihr Herz geschlossen. Allerdings sind die beiden Damen betrübt, da sich Oskar nicht für eine entscheiden will, denn er hat Sorge, er könne so eine der beiden verletzen. Josephine wird schließlich ungeduldig und verlangt eine Entscheidung: „Oskar, liebst Du Maria oder ist es nicht so, dass Du Maria oder mich liebst?“ Oskar zögert und überlegt. Dann erwidert er: „Nein“. Was hat Oskar hiermit ausgedrückt?

   (Lösungscode: SB01AL0B003)

4. Egon, auch ein schüchterner Student, berichtet von seiner Masterprüfung:

   - Es stimmt nicht, dass ich in Mathematik bestanden habe oder in Technischer Mechanik durchgefallen bin.
   - Ich habe in Mathematik und Technischer Mechanik bestanden, oder es stimmt nicht, dass ich in Mathematik oder Elektrotechnik bestanden habe.

   Wie sieht denn nun das Ergebnis von Egon aus?

   (Lösungscode: SB01AL0B004)

2.2 Aussageformen

An Aussagen interessiert grundsätzlich nur deren Wahrheitsgehalt, so haben wir es im letzten Kapitel 2.1 gesehen. Solange jedoch einer Aussage A kein eindeutiger Wahrheitswert zugewiesen wurde, ist A lediglich ein Platzhalter, eine Wahrheitswertevariable, für deren Wahrheitswert. Deshalb führen wir den Begriff der Aussageform ein.

Definition 2.2.1. ***Aussageform***

1. *Jede Wahrheitswertevariable* $(A, B, \ldots)$ *ist eine Aussageform.*

2. $\neg A$, $(A \wedge B)$, $(A \vee B)$, $(A \Rightarrow B)$ *und* $(A \Leftrightarrow B)$ *sind Aussageformen.*

3. *Verkettungen von Aussageformen sind wieder Aussageformen.*

Bemerkung 2.2.1.
Unter der Verkettung von Aussageformen versteht man dabei das Einsetzen von Aussageformen in andere. So kann man z. B. die Aussageform $(A \wedge B)$ *mit ihren Wahrheitswerten für die Wahrheitswertevariable* A *in die Aussageform* $(A \Leftrightarrow B)$ *einsetzen und würde* $((A \wedge B) \Leftrightarrow B)$ *erhalten.*

Der Begriff der Aussageform kann formal erweitert werden, indem man als Platzhalter Variablen für beliebige Werte zulässt, die dann nicht mehr nur auf die Werte „wahr" und „falsch" beschränkt sein müssen. Solche Variablen werden als freie Variablen bezeichnet.
So ist zum Beispiel der Ausdruck „$x \leq 15$" im engeren Sinne weder eine Aussage, noch eine Aussageform, solange der Wert von x noch unbekannt ist.
Sobald man für x in $x \leq 15$ jedoch einen Zahlenwert einsetzt, wird $x \leq 15$ automatisch zu einer Aussage. Für vergleichbare Ausdrücke mit freien Variablen definieren wir den folgenden Begriff.

Definition 2.2.2. ***Prädikative Aussageform***
Tritt innerhalb einer Aussageform eine freie Variable auf, deren Werte nicht auf „wahr" oder „falsch" beschränkt sind, so bezeichnet man diese Form der Aussage als „prädikative Aussageform".

Bemerkungen 2.2.1.

1. *Eine prädikative Aussageform kann damit ein sprachliches Gebilde sein, welches mindestens eine freie Variabel enthält.*
   So sind zum Beispiel „x ist ein Insekt" und „Der Bus hat die Farbe y" prädikative Aussageformen.

2. *Erst die Wahl des Variablenwertes kann die prädikative Aussageform zu einer Aussage machen.*
   So wird z. B. $x \leq 15$ *mit* $x = 38$ *zu einer Aussage und mit 'x ist ein Elefant' zu keiner (sinnvollen) Aussage.*

3. *Sei* A *eine Prädikative Aussageform mit der freien Variablen* x*, so wird für* A *auch* $A(x)$ *geschrieben und „A von x“ gelesen.*
   Man kann zum Beispiel notieren $A(x)$*: „x ist eine Stadt“.*

Insbesondere in der mathematischen Fachsprache treten Prädikative Aussageformen auf, wie zum Beispiel $x+5 = 7$ oder $a \cdot b = 0 \Leftrightarrow a = 0 \vee b = 0$. Die Werte, die für eine freie Variable in einer Prädikativen Aussageform der Mathematik eingesetzt werden, werden in Mengen zusammengefasst. Der für die Mathematik elementare Begriff der Menge wird daher im nächsten Kapitel behandelt werden.

2.2.1 Kurzaufgaben zum Verständnis

1. Die Aussage A lautet: „Manche Leute vergessen, was sie ihren Eltern schulden." Man finde für $\neg A$ die richtige Formulierung:

   □ Alle vergessen nicht, was sie Ihren Eltern nicht schulden.

   □ Niemand vergisst, was er seinen Eltern schuldet.

   □ Manche vergessen, was sie ihren Eltern nicht schulden.

2. Die Verneinung der Aussage „Das Auto fährt, obwohl die Batterie leer ist", lautet

   □ das Auto fährt nicht, obwohl die Batterie leer ist.

   □ das Auto fährt, obwohl die Batterie nicht leer ist.

   □ die Batterie ist geladen, oder das Auto fährt nicht.

3. Welche Ausdrücke sind Aussageformen?

   □ Es regnet.

   □ x ist unersetzlich.

   □ Komm heute Abend und dann lernen wir zusammen.

4. Welche Ausdrücke sind Aussagen?

   □ Es ist groß.

   □ München hat mehr Einwohner als Barcelona.

   □ Der Angeklagte lügt.

2.2.2 Übungen

Lösungsvideos zu den Übungen können auf www.lsgn24h.de über die Eingabe des Lösungscodes abgerufen werden.

Kl A:

1. Negieren Sie die folgenden Aussageformen

   (a) Wenn der Hund das Wasser getrunken hat, ist er nicht mehr durstig.

   (Lösungscode: SB01AL1A001)

   (b) Der Hund hat Wasser oder Wein getrunken.

   (Lösungscode: SB01AL1A002)

   (c) Wenn es dunkel ist, sieht man schlechter und ist vorsichtiger.

   (Lösungscode: SB01AL1A003)

2. Sei $A(x)$ die Aussageform „x ist ein Auto" und sei $B(y)$ die Aussageform „Das Fahrzeug hat die Farbe y". Formulieren Sie, falls möglich, die folgenden Aussagen sprachlich

   (a) $B(\text{blau}) \wedge A(\text{Das Fahrzeug})$

   (b) $B(\text{rot}) \Rightarrow A(\text{Der Viertürer})$

   (c) $A(B(\text{blau}))$

   (d) $A(\text{Der Viertürer}) \Rightarrow B(\text{rot})$

   (Lösungscode: SB01AL1A004)

Kl B:

1. Schreiben Sie die folgende Argumentationskette formal und überprüfen Sie deren Korrektheit:
   „Entweder das Auto springt nicht an, oder der Fahrer findet den Autoschlüssel nicht. Wenn der Fahrer den Autoschlüssel nicht findet, wird der Beifahrer nervös. Der Beifahrer ist nicht nervös, also ist es nicht korrekt, dass der Beifahrer nervös wird, wenn das Auto nicht anspringt."

   (Lösungscode: SB01AL1B001)

2. Wenn $x^2 + 1 = 0$ gilt, dann muss $x^2 = -1$ gelten.
   Wenn $x^2 = -1$ gilt, dann muss $x = \frac{-1}{x}$ gelten.
   Was folgt nun, wenn man in der letzten Gleichung auf der rechten Seite $x = 1$ setzt und das Ergebnis der entstehenden Aussage erneut gleich x auf der rechten Seite in $x = \frac{-1}{x}$ setzt? Wie nennt man die entstehende Beziehung?

(Lösungscode: SB01AL1B002)

Kl C:

1. Eine Befragung in einer Pizzeria von 150 Kunden hat folgendes Bild ergeben: 100 Gäste lieben Pizza Margarita oder Quattro Stagioni. Davon bevorzugen 35 ausschließlich Quattro Stagioni. 90 Gäste mögen lieber Pizza Margarita oder Frutti di Mare, davon wiederum 30 nur Frutti di Mare. Keinem Gast schmeckt gleichzeitig Quattro Stagioni und Frutti di Mare. Zeigen Sie, dass die Aussagen der Gäste widersprüchlich sind.

(Lösungscode: SB01AL1C001)

3. Mengenlehre und Zahlenkörper

Mathematik ist die einzige perfekte Methode,
sich selber an der Nase herumzuführen.

Albert Einstein (1879-1955)

Nach den Elementen aus der Aussagenlogik im vorangehenden Kapitel wenden wir uns jetzt einigen grundlegenden Begriffen der Mathematik zu - der Menge, der Abbildung und dem Zahlenkörper. Sie sind unverzichtbare Konzepte in der Mathematik und nicht nur da. Da dies keine Monographie über Mengen oder Zahlen sein soll, wird zu diesem Zweck eine begrifflich basierte Einführung in die Theorie der Mengen folgen. Ein kleiner Abstecher zu den Relationen führt uns schließlich zu den Abbildungen und Funktionen als spezielle Relationen. Das Kapitel schließt mit der Einführung in das Zahlensystem, deren Klassifizierung und der zugehörigen elementaren Arithmetik ab. Mit diesen Grundlagen sind wir dann gerüstet, um im darauffolgenden Kapitel ein grundlegendes Konzept der Mathematik - die Folge - einzuführen.

G. Schlüchtermann und N. Mahnke, *Basiswissen Ingenieurmathematik Band 1*,
https://doi.org/10.1007/978-3-658-35336-0_3

3.1 Das Konzept der Menge

Das Konzept der Menge wird jedem sofort klar, denn man verwendet es sprachlich fast täglich. Dennoch ist es äußerst schwierig, eine mathematisch stringente Definition zu formulieren. Eine der ersten, wenn auch in leicht naiver Form, stammt von G. Cantor [1] im 19.Jh., der sich daran versuchte. Da man aufgrund der der Mathematik zugrundeliegenden Absicht, eine möglichst allgemeine Formulierung zu finden, gleichzeitig ohne viel Begriffe auskommen will, scheitert man im Wesentlichen bei der Definition der Menge immer.
Deshalb wird in diesem Kapitel auch nicht der Begriff „Menge" im Vordergrund stehen. Viel mehr sollen es die einzelnen Beziehungen von Mengen untereinander sein. Somit wird bereits eines der entscheidenden Grundprinzipien innerhalb der Mathematik klar: „Die Begriffe sind austauschbar, es kommt auf die Beziehungen der betrachteten Objekte zueinander an".
Inwieweit der Begriff der Menge auch seine Tücken hat, werden wir weiter unten sehen. Hier nun die angekündigte „Definition".

Definitionen 3.1.1. *(Menge, Elemente)*

1. *Eine Menge stellt eine Zusammenfassung von bestimmten wohl unterscheidbaren Objekten zu einem Ganzen dar. Diese Objekte entstammen unserer Anschauung und unserem Denken und werden Elemente der Menge genannt.*
   Die Mengen werden mit Großbuchstaben bezeichnet $(A, D, X, Y, ...)$, *die Elemente meist mit Kleinbuchstaben* $(a, d, x, y, ...)$.

2. *Ist x ein Element der Menge A, so schreiben wir $x \in A$; ist x kein Element oder nicht Element von A, so schreiben wir $x \notin A$.*

3. *Die Menge, die kein Element besitzt, nennen wir die „leere Menge"; als Symbolik für die leere Menge verwenden wir $\emptyset$ oder $\{\}$.*

---

[1] Georg Ferdinand Ludwig Cantor (1845-1918) gilt als der Begründer der modernen Mengenlehre. Er war seit 1872 Professor an der Universität Halle und Mitbegründer der 1890 in Bremen gegründeten Deutschen Mathematischen Vereinigung (DMV), deren erster Vorsitzender er war. Neben der Mengenlehre beschäftigte er sich auch mit der Analysis. In der zweiten Hälfte seines Lebens manisch depressiv, von schweren Schicksalsschlägen getroffen und mangels Anerkennung seiner Leistungen, verbrachte er einen großen Teil seiner letzten Jahre in psychatrischen Kliniken, wo er schließlich auch starb.

Darstellungen von Mengen:
In der Darstellung von Mengen unterscheidet man zwischen den folgenden zwei Darstellungsformen:

1. Aufzählende Darstellung:

   Eine Menge wird durch eine vollständige Auflistung ihrer Elemente angegeben.

   Beispiele:

   - $M = \{1; 2; 3; 4; 5\}$
   - $A = \{a_1; a_2; a_3; 1; \sqrt{2}\}$
   - $D = \left\{\frac{1}{2}; \frac{2}{3}; \frac{3}{4}; \frac{4}{5}; 5\right\}$

2. Beschreibende Darstellung:

   Eine Menge wird mittels Elementvariablen und deren Eigenschaften dargestellt.

   Schreibweisen:
   $M = \{x\,;\, x \text{ hat die Eigenschaft } E\}$
   oder $M = \{x \,:\, x \text{ hat die Eigenschaft } E\}$
   oder $M = \{x \,|\, x \text{ hat die Eigenschaft } E\}$

   Beispiele:

   - $W = \{x; x \text{ ist Student im 1. Semester}\}$
   - $\mathbb{N} = \{a; a \text{ ist eine natürliche Zahl}\} = \{1, 2, 3, ...\}$
   - $\mathbb{G} = \{x; x \text{ ist eine gerade Zahl}\}$

Wie eingangs bereits erwähnt, ist der Begriff der Mengen nicht uneingeschränkt anwendbar, insbesondere, weil er in Grenzfällen zu Widersprüchen führen kann. Einer der berühmtesten logischen Konflikte ist in diesem Zusammenhang der folgende.

Paradoxon von B. Russell [2] :

Gibt es eine Menge aller Mengen, die sich selbst nicht als Element hat? Mit anderen Worten, gibt es die Menge

$$M = \{x;\ x \text{ ist Menge und } x \notin x\}?$$

Für die Beantwortung der Frage nehmen wir an, dass M existiert und untersuchen die folgenden zwei Fälle:

1.Fall: $M \in M$
M ist eine Menge und nach der Annahme, $M \in M$, sei M ein derartiges x, was $M \notin M$ bedeutet; also entsteht ein Widerspruch zur der Voraussetzung zu M.

2.Fall: $M \notin M$
M ist eine Menge, $M \notin M$, also ist M ein derartiges x und deshalb folgt $M \in M$; erneut entsteht ein Widerspruch!

Also ergibt sich in beiden Fällen ein Widerspruch:

$$M \in M \Rightarrow M \notin M \text{ und } M \notin M \Rightarrow M \in M$$

Es gibt folglich kein derartiges $M = \{x;\ x \text{ ist Menge und } x \notin x\}$!

In dem obigen Beweis haben wir eine wichtige Beweismethode kennengelernt, die des *Widerspruchbeweises.* Wir werden ihr noch öfters begegnen.

(„Die Menge aller Mengen" ist kein sinnvoller Begriff und führte als logische Erweiterung auf die Klassentheorie [BRu].)

Teilmengen und Mengenoperationen

Nach der Einführung des Begriffs der Mengen, wollen wir uns in diesem Teilabschnitt zuerst mit einigen Bezeichnungen der Mengenlehre beschäftigen, die einerseits „Folklore" und andererseits für das Verständnis der später folgenden Konzepte von grundlegender Bedeutung sind.

[2] Bertrand Russel (1871-1970) britischer Philosoph und Mathematiker, begründete mit A.N. Whitehead die mathematische Logik neu und rigoros. Mit ihm kann man sagen wurde die Mathematik vollständig in die Logik eingebunden. Daneben war Russell sozial und politisch stark aktiv - er verweigerte den Wehrdienst im ersten Weltkrieg, was ihm eine Haftstrafe einbrachte, er war strikter Gegner der atomaren Bewaffnung Großbritaniens, kämpfte gegen den Vietnamkrieg (Russeltribunal) und verurteilte den Einmarsch der Sowjetunion in die CSSR 1968.

Um unsere Schreibweisen von Beziehungen, die für alle oder auch nur einzelne Elemente einer gegebenen Menge gelten, einfacher schreiben zu können, führen wir zuerst die Schreibweisen mittels Quantoren ein:

Definition 3.1.1. *(Quantoren)*
Sei M eine Menge und $Z(x)$ eine Bedingung oder Eigenschaft, welche für Elemente $x \in M$ gelten kann, dann bedeutet

1. *die Symbolik $\forall\, x \in M\ : Z(x)$ „Für alle x aus M gilt $Z(x)$“*
2. *die Symbolik $\exists\, x \in M\ : Z(x)$ „Es existiert (mindestens) ein x aus M, für das $Z(x)$ gilt.“*
3. *die Symbolik $\exists!\, x \in M\ : Z(x)$ „Es existiert genau ein x aus M für das $Z(x)$ gilt.“*
4. *die Symbolik $\nexists\, x \in M\ : Z(x)$ „Es existiert kein x aus M, für das $Z(x)$ gilt.“*

Die Quantoren werden wir als abkürzende Schreibweisen für ihre jeweilige Bedeutung verwenden und können nun mit ihrer Hilfe kompakt die folgenden Mengenrelationen formulieren.

Definitionen 3.1.2. *(Teilmenge, Gleichheit)*

1. *Eine Menge A nennt man* ***Teilmenge*** *von B, wenn gilt: $x \in A \Rightarrow x \in B$. In Zeichen: $A \subseteq B$.*
2. *Eine Menge A nennt man eine* ***echte Teilmenge*** *von B, wenn gilt: $A \subseteq B$ und $\exists\, x \in B :\ x \notin A$. In Zeichen: $A \subset B$*
3. *Zwei Mengen A und B nennen wir* ***gleich****, wenn gilt: $A \subseteq B \wedge B \subseteq A$. In Zeichen: $A = B$.*

Bemerkungen 3.1.1.

1. *Jede Menge A ist per definitionem Teilmenge von sich selbst: $A \subseteq A$.*
2. *Die Leere Menge ist Teilmenge einer jeden Menge: $\emptyset \subseteq A$.*
3. *In $A \subseteq B$ wird A die „Untermenge“ und B die „Obermenge“ genannt.*

Definition 3.1.2. *(Potenzmenge)*
Gegeben sei eine Menge A. Die Potenzmenge von A ist definiert durch $Pot(A) = \{B; B \subseteq A\}$

Die Potenzmenge ist damit die Menge aller Teilmengen von einer gegebenen Menge A. Hier ein paar Beispiele.

Beispiele 3.1.1.

1. $A = \emptyset$ *(0 Elemente)*
   $Pot(A) = \{\emptyset\}$ *(1 Element)*

2. $A = \{1\}$ *(1 Element)*
   $Pot(A) = \{A, \emptyset\} = \{\{1\}, \emptyset\}$ *(2 Elemente)*

3. $A = \{1,2\}$ *(2 Elemente)*
   $Pot(A) = \{\,\{1;2\}, \{1\}, \{2\}, \emptyset\}$ *(4 Elemente)*

4. $A = \{1, 2, 3\}$ *(3 Elemente)*
   $Pot(A) = \{\emptyset, \{1, 2, 3\}, \{1, 2\}, \{2, 3\}, \{1, 3\}, \{1\}, \{2\}, \{3\}\}$ *(8 Elemente)*

Bemerkung 3.1.1.
Eine Menge A mit n Elementen, besitzt die Potenzmenge $Pot(A)$ mit 2^n Elementen. Diese Aussage werden wir im Abschnitt 4.2 beweisen.

Neben den Mengenrelationen (Teilmenge etc.) lassen sich auch Mengenoperationen definieren, mit deren Hilfe sich aus gegebenen Mengen weitere bilden lassen. Eben diese Mengenoperationen behandelt der folgende Abschnitt.

Vereinigung und Durchschnitt

Gegeben seien die Mengen G (die Grundmenge) und $A, B \subseteq G$.

Definition 3.1.3. *(Schnitt, Vereinigung, Differenz, Komplement)*

1. *Der Durchschnitt (Schnitt) von A und B (in Zeichen: $A \cap B$) ist definiert durch:*
   $A \cap B = \{x; x \in A \text{ und } x \in B\} = \{x \in G; x \in A \text{ und } x \in B\}$

2. *Die Vereinigung von A und B (in Zeichen: $A \cup B$) ist definiert durch:*
   $A \cup B = \{x; x \in A \text{ oder } x \in B\}$

3. *Die Differenzmenge oder Restmenge von A ohne B (in Zeichen:* $A \setminus B$*) ist definiert durch:*
   $A \setminus B = \{x; x \in A \text{ und } x \notin B\}$

4. *Das Komplement von A in G (in Zeichen:* A^c *oder* $G \setminus A$*) ist definiert durch:*
   $A^c = \{x \in G; x \notin A\}$
   (Alternativ findet man in der Literatur auch die Schreibweisen $A^c = \overline{A} = \complement A$*)*

Beispiel 3.1.1.
Seien die folgenden Mengen gegeben:

$$G = \{1, 2, 3, 4, 5, 10, 30\}, A = \{1, 3, 5, 10\}, B = \{5, 10, 30\}$$

Damit folgt

1. $A \cup B = \{1, 3, 5, 10\} \cup \{5, 10, 30\} = \{1, 3, 5, 10, 30\}$

2. $A \cap B = \{1, 3, 5, 10\} \cap \{5, 10, 30\} = \{5, 10\}$

3. $A \setminus B = \{1, 3, 5, 10\} \setminus \{5, 10, 30\} = \{1, 3\}$

4. $A^c = \{1, 3, 5, 10\}^c = \{2, 4, 30\}$

Eine sehr anschauliche Darstellung der Mengenbeziehungen bilden so genannte **Venn-Diagramme.** [3]
In Venn-Diagrammen wird die Grundmenge G als Rechteck dargestellt und deren Teilmengen, z. B. A und B, als Ovale. Umrahmte Flächen symbolisieren dabei die Gesamtheit aller Elemente, der Menge, für die sie stehen.
In den folgenden Venn-Diagrammen sind jeweils die zugehörigen Mengen grau markiert.

[3] Die Venn-Diagramme sind benannt nach dem Mathematiker und Geistlichen der anglikanischen Kirche John Venn (geb. am 4.Aug.1834 in Kingston upon Hull; verstorben am 4.April 1923 in Cambridge, England), der sich in seinen mathematischen Arbeiten vornehmlich der Logik und der Wahrscheinlichkeitslehre widmete.

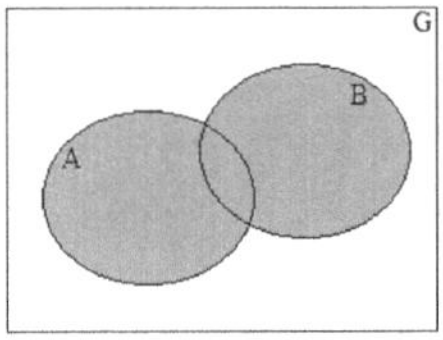

$A \cup B$

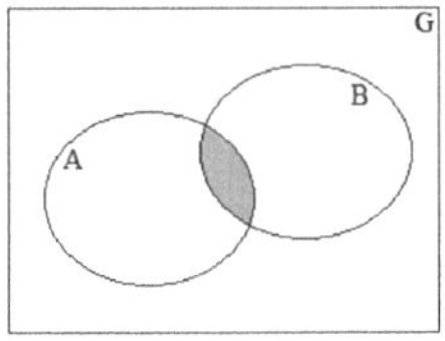

$A \cap B$

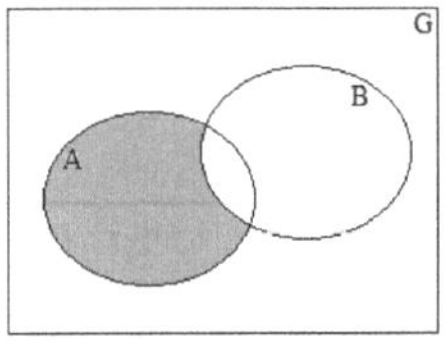

$A \setminus B$

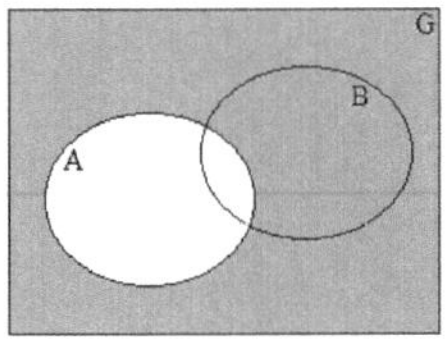

A^c

3.1.1 Kurzaufgaben zum Verständnis

1. Seien A, B, C beliebige Mengen. Was gilt für die folgenden Gleichungen?

a)	$A \cup (B \cup C) = (A \cup B) \cup C$	□	wahr	□	falsch
b)	$A \cap (B \cap C) = (A \cap B) \cap C$	□	wahr	□	falsch
c)	$A \cup (B \cap C) = (A \cup B) \cap (A \cup C)$	□	wahr	□	falsch
d)	$A \cap (B \cup C) = (A \cap B) \cup (A \cap C)$	□	wahr	□	falsch
e)	$A \cap (A \cup B) = A$	□	wahr	□	falsch
f)	$A \cap (A \cap B) = A$	□	wahr	□	falsch
g)	$(A \setminus B) \cap B = \emptyset$	□	wahr	□	falsch
h)	$(A \setminus B) \cup B = A \cup B$	□	wahr	□	falsch
i)	$A \setminus (B \cap C) = (A \setminus B) \cup (A \setminus C)$	□	wahr	□	falsch
j)	$A \setminus (B \cup C) = (A \setminus B) \cap (A \setminus C)$	□	wahr	□	falsch

2. Es gibt zwei verschiedene Mengen A und B deren Potenzmenge jeweils genau ein Element enhält.

   □ wahr □ falsch

3. Die folgende Darstellung zeigt keine Menge: $\{\emptyset, \{\emptyset\}\}$.

   □ wahr □ falsch

3.1.2 Übungen

Lösungsvideos zu den Übungen können auf www.lsgn24h.de über die Eingabe des Lösungscodes abgerufen werden.

Kl A:

1. Gegeben Sei die Menge M aller Studierenden einer beliebigen Hochschule. Zudem seien die folgenden zwei Aussageformen festgelegt: $A(x)$:„x bastelt gerne“; $B(x)$:„x ist munter“.
   Schreiben Sie die folgenden Aussagen in umgangssprachlicher Formulierung

$$\begin{array}{llll} (a) & \forall x \in M : A(x) & (b) & \exists x \in M : B(x) \\ (c) & \forall x \in M : \neg\,(B(x)) & (d) & \exists x \in M : \neg\,(B(x)) \\ (e) & \neg\,(\exists x \in M : B(x)) & (f) & \neg\,(\forall x \in M : A(x)) \end{array}$$

(Lösungscode: SB01ME0A001)

2. Seien $A, B, C \subset G$ jeweils nichtleere Teilmengen der Obermenge G. Skizzieren Sie die zu den folgenden Mengenkombinationen gehörenden Venn-Diagramme:
   (a) $(A \cup B) \cap C$
   (b) $(A \cap B) \cup C$
   (c) $(A \cap B) \cap (C \cap B)$
   (d) $(A \cup B) \setminus (C \cup B)$
   (e) $(C \setminus B) \cap A^c$
   (f) $(B \setminus C)^c \cup A$

(Lösungscode: SB01ME0A002)

3. Es sei $\mathcal{G} = \{1, 2, 3, 4, 5, 6\}$ als Grundmenge gegeben. Geben Sie sämtliche Lösungen X der folgenden mengenalgebraischen Gleichungen an

   (a) $\mathcal{G} \setminus \{1, 2, 3\} \cup \mathcal{G} \setminus X = \{3, 4, 5, 6\}$

   (b) $\{1, 2, 3, 4, 5, 6\} \cap X = \{1, 2, 3\} \cup X$

(Lösungscode: SB01ME0A003)

Kl B:

1. Bestimmen Sie alle Teilmengenbeziehungen zwischen den folgenden Mengen: die Menge aller Quadrate, die Menge aller Rechtecke, die Menge aller rechtwinkligen Trapeze, die Menge aller Drachen und die Menge aller Rauten.

(Lösungscode: SB01ME0B001)

2. Bilden Sie zu einer Grundmenge $\mathcal{G}$ die Potenzmenge $\mathcal{P} = \text{Pot}(\mathcal{G})$. Auf dieser wird eine Verknüfung $\circ$ definiert gemäß

$$A \circ B = \{x; \neg(x \in A \wedge x \in B)\}$$

   (a) Veranschaulichen Sie das Verknüpfungsergebnis $A \circ B$ für beliebige Mengen $A, B \subseteq \mathcal{G}$ durch ein Venn-Diagramm.

   (Lösungscode: SB01ME0B002)

   (b) Gilt $A \circ B = B \circ A$, d. h. ist die Verknüpfung *kommutativ*? Und gilt $A \circ (B \circ C) = (A \circ B) \circ C$, d. h. ist sie *assoziativ*?

   (Lösungscode: SB01ME0B003)

   (c) Drücken Sie $\mathcal{G} \setminus A$, $A \cap B$ und $A \cup B$ **allein** durch Verwendung von $\circ$ aus.

   (Lösungscode: SB01ME0B004)

3.2 Relationen

Bis jetzt haben wir uns nur mit dem Mengenbegriff befasst. Wir wollen nun etwas Ordnung hineinbringen. Dazu beginnen wir mit dem Begriff des *Tupels*, wobei wir uns zuerst mit einem speziellen Tupel, dem *Paar* beschäftigen.
Wir gehen von zwei beliebigen Mengen A und B aus und definieren deren *kartesisches Produkt* oder Paar $A \times B$ wie folgt:

$$A \times B = \{\{a, \{b\}\}; a \in A \wedge b \in B\} \subset A \cup \mathrm{Pot}(B) \tag{3.1}$$

Elemente von $A \times B$ haben also die Form $\{a, \{b\}\}$. Die Schreibweise basiert auf den für uns bis jetzt bekannten Operationen der Mengenbildung. Während $a \in A$ gilt, ist $\{b\} \in \mathrm{Pot}(B)$. Also entstammt $\{b\}$ aus der Potenzmenge von B, von welcher B auch ein Element ist. Man sagt auch, dass $\{b\}$ aus einer Stufe höher gewählt wurde. Damit hat man eine gewisse Ordnung eingeführt, die Elemente aus A stehen zuerst, danach die aus B. Deshalb führt man eine einfachere Schreibweise ein: $(a, b) = \{a, \{b\}\}$ und nennt dann

$$A \times B = \{(a, b); a \in A \wedge b \in B\} \tag{3.2}$$

die Menge der Paare von A und B.
Wie man sieht, gilt $A \times B \neq B \times A$ und Gleichheit gilt nur für den Fall $A = B$. Auf dieser Menge $A \times B$ sollen nun Relationen definiert werden.

Erweiterung auf ein n-Tupel: Wir erweitern es auf ein Dreier-Tupel. Dann sieht man, wie die Fortsetzung auf ein allgemeines n verläuft.
Wir betrachten drei nichtleere Mengen A, B und C.
Das Paar $D = A \times B = \{\{a, \{b\}\}; a \in A \wedge b \in B\}$ ist eine Menge. Daher definieren wir jetzt

$$\begin{aligned} A \times B \times C &= D \times C = \{\{d, \{c\}\}; d \in D \wedge c \in C\} \\ &= \{\{d, \{b\}\}; d \in A \times B \wedge c \in C\}. \end{aligned}$$

Für die Elemente aus $A \times B \times C$ schreiben wir analog zum Paar $((a, b), c) = (a, b, c)$ gemäß der Definition.
Sind $A = B = C$, so wird wie oben einfach $A \times A \times A = A^3$ festgelegt.

Definition 3.2.1. *(Relation)*
Es seien A, B zwei nichtleere Mengen. Eine Relation $\mathcal{R}$ auf A und B ist eine Teilmenge $\mathcal{R} \subset A \times B$. Wir schreiben dafür $(A, B, \mathcal{R})$.

Bemerkungen 3.2.1.

- *Eine spezielle Relation auf nur einer Menge A ist damit eine Teilmenge $\mathcal{R} \subset A \times A = A^2$*
- *Um die Formulierung $(A, B, \mathcal{R})$ abzukürzen, führen wir eine kürzere Schreibweise für eine Relation $\mathcal{R}$ ein*

$$a\mathcal{R}b \Leftrightarrow (a, b) \in \mathcal{R} \tag{3.3}$$

- *Für $\mathcal{R}$, eine Relation auf A, sagt man „ $(A, \mathcal{R})$ ist eine Relation, wenn „$\mathcal{R}$“ durch die Menge $\mathcal{R}$ geklärt ist.“*

Es gibt besondere Relationen, die sich anhand ihrer Eigenschaften unterscheiden. Diese Relationen und deren Eigenschaften sollen in Verbindung zueinander hier festgelegt werden.

1. (Äquivalenzrelation) Es sei $(A, \mathcal{R})$ eine Relation. Wir nennen sie eine *Äquivalenzrelation*, wenn sie
   (a) *reflexiv* ist, d. h. $a\mathcal{R}a$ für alle $a \in A$.
   (b) *symmetrisch* ist, d. h. aus $a\mathcal{R}b$ folgt $b\mathcal{R}a$
   (c) *transitiv* ist, d. h. aus $a\mathcal{R}b$ und $b\mathcal{R}c$ folgt $a\mathcal{R}c$

   In diesem Fall schreiben wir statt $a\mathcal{R}b$ einfach $a \sim b$

2. (Ordnungsrelation) Es sei $(A, \mathcal{R})$ eine Relation. Wir nennen sie eine *Ordnungsrelation*, wenn sie
   (a) *reflexiv* ist,
   (b) *antisymmetrisch* ist, d. h. $a\mathcal{R}b$ und $b\mathcal{R}a$, so folgt $a = b$ für alle $a, b \in A$.
   (c) *transitiv* ist, d. h. aus $a\mathcal{R}b$ und $b\mathcal{R}c$ folgt $a\mathcal{R}c$

   Auch hier kürzen wir die Schreibweise ab:

$$a \leq b \Leftrightarrow a\mathcal{R}b$$

   Statt $a\mathcal{R}b$ schreibt man also für eine Ordnungsrelation „$a \leq b$“

3. (Funktion oder Abbildung) Es sei $(A, B, \mathcal{R})$ eine Relation auf $A \times B$. Wir nennen sie eine *Abbildung f von A nach B, in Zeichen* $f : A \to B$, wenn sie *definit* ist, d. h. für alle $a \in A$ existiert genau ein $b \in B$ mit $a\mathcal{R}b$. In diesem Fall schreiben wir $b = f(a)$.

Mit den Abbildungen werden wir uns später noch intensiver beschäftigen. Wir wollen aber zuerst einige Beispiele zu den speziellen Relationen angeben.

Beispiele 3.2.1.

1. *Produktionsablauf: Die Produktion einer Maschine wird in acht Abschnitten* $A = \{1, 2, 3, 4, 5, 6, 7, 8\}$ *unterteilt. Dabei steht immer der erste Produktionsschritt* 1 *am Beginn und* $2, 3, 4, 5, 6$ *werden dann der Reihe nach abgearbeitet. Die Schritte* 7 *und* 8 *können wieder in beliebiger Reihenfolge ablaufen. Wir definieren folgende Relation* $\mathcal{R}_M$ *auf* $A \times A$*: Für* $x, y \in A$ *gelte*

   $$x\mathcal{R}_M\, y \Leftrightarrow \textit{ Produktionsschritt (PRS) } y \textit{ kann nicht vor } x \textit{ erfolgen.}$$

   Damit haben wir

   $$\mathcal{R}_M = \{(x, y) \in A \times A;\ \textit{PRS } y \textit{ kann nicht vor } x \textit{ erfolgen}\}$$

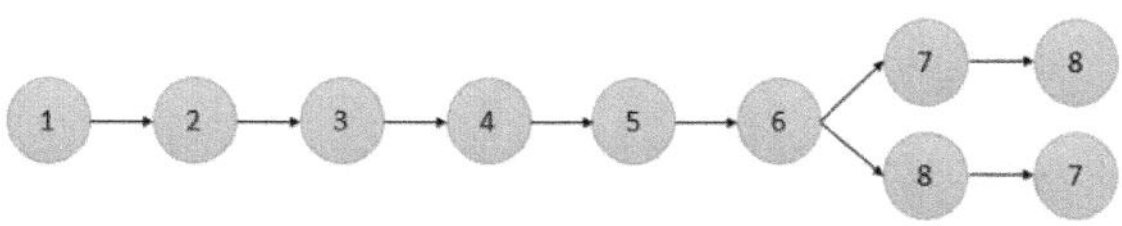

Abbildung 3.1: Produktionsablauf

   Wir wollen einmal die einzelnen Eigenschaften dieser Relation $\mathcal{R}_M$ *überprüfen:*

   (a) *Reflexivität: Dies ist erfüllt, da natürlich* $(x, x) \in \mathcal{R}_M$ *gilt.*
   (b) *Antisymmetrie: Auch das gilt, denn für* $y > x$ *gilt eben nicht, dass* x *nicht vor* y *abgearbeitet wird, da es entweder egal ist* $(7, 8)$ *oder immer der Reihe nach abgearbeitet wird* $(1, \ldots 7)$*.*
   (c) *Die Relation ist nicht symmetrisch, denn es gilt z. B.* $(1, 2) \in \mathcal{R}_M$ *aber* $(2, 1) \notin \mathcal{R}_M$*.*

(d) *Transitivität: Es gilt für* $x, y \in \{1,2,3,4,5,6,7\}$ *immer* $(x,y) \in \mathcal{R}_M$ *genau dann wenn,* $x \leq y$. *D. h. wenn* $(x,y),(y,z) \in \mathcal{R}_M$ *gilt* $x \leq y$ *und* $y \leq z$, *also* $x \leq z$ *und dafür hat man (wie in Abbildung 3.1)* $(x,z) \in \mathcal{R}_M$. *Ebenso folgt dies auf* $\{1,2,3,4,5,6,8\}$. *Da* $(7,8),(8,7) \notin \mathcal{R}_M$ *folgt die Transitivität.*

2. *unsymmetrische Würfel: Gegeben seien drei Würfel* A, B, C. *Die Seiten sind mit den Zahlen* $1,\ldots,9$ *beschrieben, wobei bei jedem Würfel gegenüberliegende Seiten gleiche Zahlen zeigen. So ist* A *mit den Zahlen* $3,4,8$ *der Würfel* B *mit* $2,6,7$ *und* C *mit* $1,5,9$ *beschriftet. Deshalb schreiben wir* $A = \{3,4,8\}$, $B = \{2,6,7\}$ *und* $C = \{1,5,9\}$. *Die Aufgabe besteht nun darin zu überprüfen, ob man mit* A *eher eine größere Zahl als mit* B *würfeln kann. Also betrachten wir das kartesische Produkt*

$$A \times B = \{3,4,8\} \times \{2,6,7\}$$

Das besitzt 9 *Paare (*3 *mal* 3*). Eine größere Zahl mit* $a \in A$ *als* $b \in B$ *ergibt sich bei den Paaren*

$$(3,2),(4,2),(8,2),(8,6),(8,7)$$

also 5 *Paare von insgesamt* 9. *Somit wird man in über 50% aller Fälle mit* A *eine größere Zahl als mit* B *werfen. Bei den Würfeln* B *und* C *sind es ebenso* 5 *von insgesamt* 9 *Paare bei denen man mit* B *eine größere als bei* C *werfen kann, also wieder in mehr als 50% aller Fälle. Wenn man* C *mit* A *vergleicht, könnte man meinen, das jetzt das Verhältnis anders wäre. Aber paradoxerweise gilt auch hier: Mit* C *kann man in über 50% aller Fälle, nämlich wieder* 5 *von insgesamt* 9 *Paare, eine größere Zahl als mit* A *würfeln. Damit ist die Gewinnchance keine transitive Eigenschaft. Dies kann man zur Konstruktion unfairer Spiele verwenden und zwar mit der folgenden Grundüberlegung:*

Angenommen Sie bieten jemanden ein Spiel mit diesen drei Würfeln an. Ihr Gegenspieler kann sich einen beliebigen Würfel A, B *oder* C *aussuchen. Dann können Sie wiederum einen so wählen, dass Ihre Gewinnchance größer als 50% ist, nämlich* 5 *zu* 9.

3. Darstellung einer Äquivalenzrelation

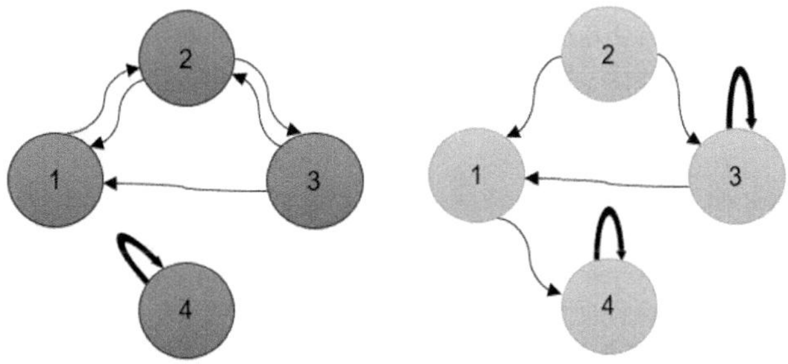

Abbildung 3.2: Äquivalenzrelation

In der Abbildung 3.2 werden jeweils vier Zustände dargestellt. Jeder Pfeil besagt, dass man von a nach b ($a, b \in \{1, 2, 3, 4\}$) gelangen kann. Auf der dunkelgrauen Menge A sowie auf der hellgrauen Menge B definieren wir eine Relation $\mathcal{R}_m$ gemäß

$$x\mathcal{R}_m y \Leftrightarrow \text{ es besteht die Möglichkeit, von } x \text{ nach } y \text{ zu gelangen}$$

Dann bildet die Relation auf A eine Äquivalenzrelation, während sie auf B dies nicht erfüllt, denn es ist $(1, 4) \in \mathcal{R}_m$ auf B, aber nicht $(4, 1)$.

4. Totale Ordnung: Man nennt eine Ordnungsrelation $\mathcal{R}_O$ auf einer nichtleeren Menge M total, wenn für alle $a, b \in M$ gilt:

$$(a, b) \in \mathcal{R}_O \text{ oder } (b, a) \in \mathcal{R}_O$$

In der üblichen Schreibweise bedeutet dies, dass für zwei Elemente $a, b \in M$ gilt:

$$a \leq b \text{ oder } b \leq a$$

klassische Beispiele sind $\mathbb{N}$, $\mathbb{Z}$, $\mathbb{Q}$ und $\mathbb{R}$.

Ebenfalls auf $\mathbb{N}$ kann man eine nicht totale Ordnung definieren: Dazu definiert man für $n, m \in \mathbb{N}$ die Relation („m ist Teiler von n“)

$$m\mathcal{R}_T n \Leftrightarrow m|n \Leftrightarrow \text{ es gibt } p \in \mathbb{N} : n = m \cdot p$$

wie man leicht in den Übungen nachprüfen kann, ist dies eine Ordnungsrelation. Aber es ist keine totale Ordnung auf $\mathbb{N}$, da $2 \not| 3$ und $3 \not| 2$.

5. *Lexikographische Ordnung: Besteht auf einer Menge M eine Ordnungsrelation, d. h. ist $(M, \leq)$ eine geordnete Menge, so kann man mit der Festsetzung: $x < y \Leftrightarrow x \leq y$ und $x \neq y$ auf dem n-fachen kartesischen Produkt M^n eine Ordnungsrelation einführen, die so genannte* lexikographische Ordnungsrelation $\mathcal{R}_L$

$$\begin{array}{rcl} (x_1, \ldots, x_n) & \mathcal{R}_L & (y_1, \ldots, y_n) \Leftrightarrow \\ (x_1, \ldots, x_n) & = & (y_1, \ldots, y_n) \text{ oder} \\ x_1 & < & y_1 \text{ oder} \\ x_1 = y_1 & \text{und} & x_2 < y_2 \text{ oder} \\ x_1 = y_1 & \text{und} & x_2 = y_2 \text{ und } x_3 < y_3 \text{ oder} \\ \vdots & & \vdots \\ x_1 = y_1, \ldots, x_{n-1} = y_{n-1} & \text{und} & x_n < y_n \end{array}$$

Es gilt: Ist die Ordnung auf M total, so auch auf M^n (als Übung). Hiermit wird z. B. $\mathbb{R} \times \mathbb{R}$ wieder total geordnet.

6. *Präferenzrelation: Eine Relation $\mathcal{R} \subset M \times M$ auf einer nichtleeren Menge M nennen wir eine Präferenzrelation (in Zeichen „$\preceq$“), wenn sie reflexiv, transitiv und vollständig ist, d.h. für alle $x, y \in M$ gilt xRy oder yRx. Man verwendet diese vor allem zur Einteilung von nicht total vergleichbaren Objekten. So kann man z. B. verschiedenen nicht vergleichbaren Gütern $x \in M$ jeweils einen Nutzen (Bewertung ausgedrückt durch eine Zahl) mittels einer Funktion $u : M \to \mathbb{R}$ zuordnen. Dann definiert man z. B.*

$$x \preceq y \;\Leftrightarrow\; u(x) \leq u(y)$$

In den Übungen wird die Gelegenheit gegeben, das Wissen zu Präferenz- und Ordnungsrelationen zu vertiefen.

Äquivalenzklassen

Wir betrachten nun noch einmal speziell eine Äquivalenzrelation auf einer nichtleeren Menge M, also $(M, \sim)$. Da die Relation reflexiv ist, kann man zu allen $x \in M$ die Menge aller zu x äquivalenten Elemente definieren. Also definieren wir nichtleere Teilmengen von M:

$$[x] = \{y \in M; x \sim y\}$$

und nennen $[x]$ die *Äquivalenzklasse* zu x. Es gilt dann der folgende Satz:

Satz 3.2.1. *(Eine Äquivalenzrelation liefert eine Zerlegung.)*
Es seien M eine nichtleere Menge und $\mathcal{R} \subset M \times M$ auf M eine Äquivalenzrelation $\sim$. Dann gilt:

1. $x \sim y \;\Leftrightarrow\; [x] = [y]$

2. *Für $x, y \in M$ gilt: Entweder $[x] = [y]$ oder $[x] \cap [y] = \emptyset$.*

3. *Es gilt:*
$$M = \bigcup_{x \in M} [x]$$

Aufgrund dieses Satzes nennt man die Darstellung von M in 3. eine *Klasseneinteilung* und für jedes x, y mit $y \in [x]$ ist y ein *Repräsentant* der Äquivalenzklasse von x. Ebenso nennt man die Vereinigung von paarweise disjunkten Mengen wie in 3. eine *Zerlegung* von M.
Man kann das Verfahren der Zerlegung durch eine Äquivalenzrelation auch umkehren, wie man aus dem nächsten Satz sieht.

Satz 3.2.2. *(Eine Zerlegung liefert eine Äquivalenzrelation.)*
Gegeben seien eine nichtleere Menge M und eine Familie $(K_i)_{i \in I}$ von paarweise disjunkten nichtleeren Teilmenge von M, die eine Zerlegung von M bilden, d. h. $K_i \cap K_j = \emptyset$, $i \neq j$ und $M = \bigcup_{i \in I} K_i$.
Für $x, y \in M$ wird durch die Festlegung:

$$x\mathcal{R}\, y \Leftrightarrow \; x \sim y \Leftrightarrow \quad \text{es existiert genau ein } i \in I : x, y \in K_i$$

auf M eine Äquivalenzrelation definiert. Die Familie (K_i) bildet die Familie der Äquivalenzklassen.

Die Beweise beider Sätze sind eher direkt und deshalb als Übung gedacht (s.u.).

3.2.1 Kurzaufgaben zum Verständnis

Beurteilen Sie, welche Aussagen wahr sind:

1. Sind A, B, C, D beliebige Mengen, so gilt

   (a) $(A \times B) \cup (C \times D) = (A \cup C) \times (B \cup D)$

   □ wahr □ falsch

   (b) $(A \times B) \cap (C \times D) = (A \cap C) \times (B \cap D)$

   □ wahr □ falsch

2. Sind A, B, C nichtleere Mengen, so gilt

   (a) $A \times (B \cup C) = (A \times B) \cap (A \times C)$

   □ wahr □ falsch

   (b) $A \times (B \cap C) = (A \times B) \cap (A \times C)$

   □ wahr □ falsch

   (c) $A \times (B \cup C) = (A \times B) \cup (A \times C)$

   □ wahr □ falsch

   (d) $A \times (B \setminus C) = (A \times B) \setminus (A \times C)$

   □ wahr □ falsch

3. Gilt für zwei Mengen A, B die Identität $A \times B = B \times A$?

   □ wahr □ falsch

4. Die Menge der durch vier ohne Rest teilbaren natürlichen Zahlen ist eine Äquivalenzklasse.

   □ wahr □ falsch

3.2.2 Übungen

Lösungsvideos zu den Übungen können auf www.lsgn24h.de über die Eingabe des Lösungscodes abgerufen werden.

Kl A:

1. Überprüfen Sie, ob es sich bei den folgenden Relationen um Äquivalenzrelationen handelt.

   (a) Auf der Menge der Studierenden einer Hochschule bestimmt man „x und y besuchen dieselbe Vorlesung".

   (Lösungscode: SB01RE0A001)

   (b) Auf der Menge der natürlichen Zahlen ($\mathbb{N} = \{1, 2, 3, \ldots\}$) erklärt man „$x$ und y sind ungerade".

   (Lösungscode: SB01RE0A002)

2. Geben Sie alle Relationen auf der Menge $M = \{\alpha, \beta\}$ an und bestimmen Sie jeweils deren Eigenschaften.

   (Lösungscode: SB01RE0A003)

3. Gegeben sei die Menge

$$\mathcal{R} = \{(1,2), (2,2)(3,3), (3,4), (4,6)(5,5)(5,6)(6,4), (6,5)\}$$

   (a) Ist $\mathcal{R}$ eine Relation auf $M = \{1, 2, 3, 4, 5, 6\}$?

   (Lösungscode: SB01RE0A004)

   (b) Geben Sie auf M eine weitere Relation $\mathcal{R}_1$ ($\mathcal{R}_1 \neq M \times M$) an, die reflexiv, symmetrisch und transitiv ist, und die $\mathcal{R}$ als Teilmenge enthält.

   (Lösungscode: SB01RE0A005)

   (c) Geben Sie eine weitere möglichst maximale Relation $\mathcal{R}_2$ auf M an, die $\mathcal{R}_2 \subset \mathcal{R}$ erfüllt und *identitiv* ist, d. h. für alle $x, y \in M$ mit $(x, y), (y, x) \in \mathcal{R}_2$ folgt $x = y$.

   (Lösungscode: SB01RE0A006)

Kl B:

1. Beweisen Sie Satz 3.2.1.

   (Lösungscode: SB01RE0B001)

2. Beweisen Sie Satz 3.2.2.

   (Lösungscode: SB01RE0B002)

3. Weisen Sie nach, dass in den Beispielen 3.2.1 in Beispiel 3., das dunkelgraue Schema eine Äquivalenzrelation bildet.

   (Lösungscode: SB01RE0B003)

Kl C:

1. Zeigen Sie, dass in den Beispielen 3.2.1 in Beispiel 5. die Relation eine Ordnungsrelation ist.

   (Lösungscode: SB01RE0C001)

2. Zeigen Sie, dass in den Beispielen 3.2.1 die Relation $\mathcal{R}_T$ aus Beispiel 4. eine Ordnungsrelation ist.

   (Lösungscode: SB01RE0C002)

3. Gibt es Relationen, die sowohl symmetrisch als auch antisymmetrisch sind? Charakterisieren Sie diese.

   (Lösungscode: SB01RE0C003)

4. Geben Sie eine Präferenzrelation auf der Menge $M = \{a, b, c, d, e\}$ an und stellen Sie diese grafisch dar.
   Informieren Sie sich zu diesem Zweck eigenständig über weitere Eigenschaften von Präferenzrelationen.

   (Lösungscode: SB01RE0C004)

3.3 Abbildungen und Funktionen

Abbildungen oder Funktionen kommen in allen Bereichen vor, die auch nur ansatzweise etwas mit Mathematik zu tun haben. Im Prinzip werden Vorgänge, die sich nicht angemessen analysieren lassen, durch geeignete Abbildungen (oder Funktionen) in mathematisch behandelbare Objekte (bzw. Darstellungen) überführt. Innerhalb der Mathematik geht die Bedeutung von Abbildungen aber noch weit darüber hinaus.
Bevor wir beginnen, soll deshalb erwähnt werden, dass wir hier nicht auf die formale Definition einer Abbildung als spezielle Relation eingehen möchten, sondern als Vorbereitung für die noch kommenden Themen Abbildungen und Funktionen durch die Eigenschaft charakterisieren.

Definition 3.3.1. *(Abbildung zwischen Mengen)*
Gegeben seien Mengen M und N, $M, N \neq \emptyset$. Eine Abbildung oder Funktion f von M nach N (in Zeichen: $f : M \to N$) ordnet jedem $x \in M$ genau ein $y \in N$ zu.

Wir führen einige gängige Bezeichnungen ein

> *M nennt man Urbildmenge (Quelle)*
> *N nennt man Bildbereich (Ziel)*
> *x nennt man Argument*
> *y nennt man Bild von x unter f.*

Bemerkung 3.3.1.
Im Falle von reellen Funktionen wird als Urbildmenge oft der maximale Definitionsbereich $\mathbb{D}_{f,max} \subseteq \mathbb{R}$ der Funktion f gewählt, der wie folgt definiert ist

$$\mathbb{D}_{f,max} := \{\, x \in \mathbb{R} \mid f(x) \in \mathbb{R}\,\}$$

Für Funktionen im Allgemeinen verwendet man die folgenden Darstellungsformen:

1. *Die Abbildungsvorschrift:*

$$\begin{aligned} f : M &\to N \\ M \ni x &\mapsto y = f(x) \in N \end{aligned}$$

z. B. $f : \mathbb{R} \to \mathbb{R}$, $x \mapsto e^x$

2. *Sind die Mengen M und N eindeutig bestimmt bzw. festgelegt, so reicht die Angabe des Funktionsterms $f(x)$ oder der Funktionsgleichung $y = f(x)$ aus, um die Funktion eindeutig zu bestimmen, z. B.:*
   Funktionsterm $f(x) = e^x$,
   Funktionsgleichung $y = e^x$ $(M = N = \mathbb{R})$

Beispiel 3.3.1.
Gegeben sei $M = \mathbb{R}^2 = \{(x_p, y_p); x_p, y_p \in \mathbb{R}\}$. Die Abbildung d (d: für „Distanz“) ordne jedem Punkt dessen Entfernung zum Ursprung zu.
$N = \mathbb{R}_0^+ = \{x \in \mathbb{R}; x \geq 0\}$, $d : M \to N$ mit $p \mapsto d(p) = \sqrt{x_p^2 + y_p^2}$, $p = (x_p, y_p) \in M$.

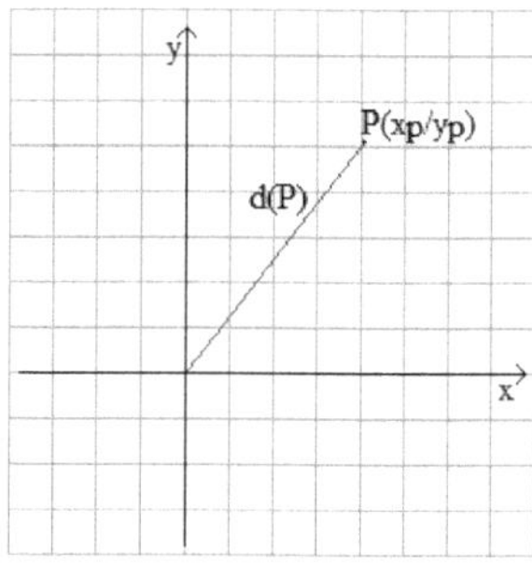

Betrachtungen zur Funktion d:

1. Gilt für $p, q \in \mathbb{R}^2$, $p \neq q$ auch $d(p) \neq d(q)$?
   Nein, denn alle Punkte auf dem Kreis von 0 mit Radius $d(p)$ haben Abstand $d(p)$.

2. Gibt es zu jedem $x_0 \in N = \mathbb{R}_0^+$ einen Punkt mit $d(p) = x_0$?
   Ja, zum Beispiel $p = (x_0, 0)$.

Aus diesen einfachen Betrachtungen leiten wir eine wichtige Definition für allgemeine Abbildungen ab.

Definition 3.3.2. *(surjektiv, injektiv, bijektiv)*
Gegeben sei eine Abbildung $f : M \to N$. Wir nennen f

1. *injektiv, wenn für alle $x, y \in M$, $x \neq y : f(x) \neq f(y)$.*

2. *surjektiv, wenn es zu jedem $y \in N$ ein $x \in M$ gibt mit $f(x) = y$.*

3. *bijektiv, wenn f injektiv und surjektiv ist.*

Beispiele 3.3.1.

- *Die Funktion $f : \mathbb{R} \to \mathbb{R}_0^+$, $x \mapsto f(x) = x^2$ ist surjektiv.*
- *Die Funktion $f : \mathbb{R}_0^+ \to \mathbb{R}$, $x \mapsto f(x) = x^2$ ist injektiv.*
- *Die Funktion $f : \mathbb{R}_0^+ \to \mathbb{R}_0^+$, $x \mapsto f(x) = x^2$ ist bijektiv.*
- *Betrachte $M = N = \mathbb{N}$.*
  Die Nachfolgerfunktion $f : \mathbb{N} \to \mathbb{N}$, $f(n) = n + 1$ ist injektiv, aber nicht surjektiv, denn $1 \notin f(\mathbb{N}) = \{f(n); n \in \mathbb{N}\}$.

Schließlich führen wir noch zwei Konzepte für die Abbildungen ein.

Definition 3.3.3.
Es seien M, N und R nichtleere Mengen.

1. *Weiter sei $f : M \to N$ und $g : N \to R$ zwei Abbildungen. Dann definieren wir die Verknüpfung oder Hintereinanderausführung $g \circ f : M \to R$ durch:*

$$\forall\, x \in M : \ (g \circ f)(x) = g(f(x))$$

2. *Ist $f : M \to N$ und existiert eine Abbildung $f^{-1} : N \to M$ mit*

$$(f^{-1} \circ f)(x) = f^{-1}(f(x)) = x \ , \forall\, x \in M$$

und

$$(f \circ f^{-1})(y) = f(f^{-1}(y)) = y \ , \forall\, y \in N \ ,$$

so nennen wir f^{-1} die Umkehrabbildung von f.

3.3.1 Kurzaufgaben zum Verständnis

1. Es sei $M = \{0, 1, 2\}$. Wie viele verschiedene Abbildungen $f : M \to M$ gibt es?

   □ 6

   □ 27

   □ 9

2. Welche Zuordnung sind Abbildungen?

   □ Auto→ Autonummer

   □ natürliche Zahl→ ein Teiler dieser Zahl

   □ Briefgewicht→ Porto

3. Ist die Zuordnung „Entfernung→ Preis der Fahrkarte der Deutschen Bahn"

   □ injektiv, aber nicht surjektiv

   □ surjektiv, aber nicht injektiv

   □ bijektiv

4. Sind A, B zwei nichtleere Mengen und $f : A \to B$ bijektiv, so existiert $f^{-1} : B \to A$ und ist ebenfalls bijektiv. Die Aussage ist

   □ wahr.

   □ falsch.

   □ gilt nur für endliche Mengen.

3.3.2 Übungen

Lösungsvideos zu den Übungen können auf www.lsgn24h.de über die Eingabe des Lösungscodes abgerufen werden.

Kl A:

1. Welche Punktepaare stellen eine Funktion dar?

   (a) $\{(1,1),(2,1),(3,1),(4,1)\}$

   (b) $\{(1,1),(2,3),(1,4),(2,5)\}$

   (c)

x	-2	-1	0	1	2	3
$f(x)$	8	4	1	4	8	1

   (Lösungscode: SB01AB0A001)

2. Folgende Situation trägt sich in einem Bäckerladen zu. Ein kleines Mädchen streckt die geschlossene Faust mit Kleingeld über den Tresen: „Ein Brot, bitte".Der Bäcker entnimmt das Kleingeld mit der Bemerkung: „Mal sehen, was für ein Brot es sein soll." Welche Beziehung muss zwischen Brotpreisen und Brotsorten in diesem Fall bestehen?

   (Lösungscode: SB01AB0A002)

3. Für eine reelle Zahl $x \in \mathbb{R}$ gilt **nicht**

   $$\sqrt{x^2} = x.$$

   Erklären Sie dies mit Hilfe der Funktionen $f(x) = x^2$ und $g(x) = \sqrt{x}$, in dem Sie Definitionsbereich und Wertebereich der beiden Funktionen festlegen und die Verknüpfungen $f \circ g$ und $g \circ f$ untersuchen.

   (Lösungscode: SB01AB0A003)

Kl B:

1. Überprüfen Sie, ob eine der folgenden Funktionen injektiv, surjektiv oder bijektiv ist.

   (a)
   $$f : \mathbb{R} \to \mathbb{R}^+, \text{ mit } f(x) = x^3$$
   (Lösungscode: SB01AB0B001)

   (b)
   $$f : \mathbb{R}_0^+ \to \mathbb{R}_0^+, \text{ mit } f(x) = \sqrt{x}$$
   (Lösungscode: SB01AB0B002)

   (c)
   $$f : \mathbb{R} \to \mathbb{R}_0^+, \text{ mit } f(x) = \frac{5}{x^4+1}$$
   (Lösungscode: SB01AB0B003)

2. Gegeben sei die Menge
   $$\mathcal{R} = \{(1,2),(2,2),(3,3),(3,4),(4,6),(5,5),(5,6),(6,4),(6,5)\}$$
   Existiert eine Teilmenge $\mathcal{S} \subset \mathcal{R}$, so dass

   (a) $\mathcal{S}$ eine injektive Abbildung ist?

   (Lösungscode: SB01AB0B004)

   (b) $\mathcal{S}$ eine injektive Abbildung mit Definitionsbereich $M = \{1,2,3,4,5,6\}$ ist?

   (Lösungscode: SB01AB0B005)

3.4 Zahlensysteme

Auch wenn man die Menge der reellen Zahlen gemeinhin als feste Voraussetzung in vielen Monographien annimmt, so wollen wir doch kurz den Weg aufzeigen, wie sich die Menge der natürlichen Zahlen bis zu den reellen Zahlen im Rahmen dieses Lehrbuchs konstruieren lässt. Wir beginnen mit dem, was Leopold Kronecker als „von Gott gegeben“ bezeichnet hat, nämlich der axiomatischen Einführung der natürlichen Zahlen. Wie Kronecker dazu bemerkte „ist der Rest Menschenwerk“. Durch die axiomatische Festlegung der natürlichen Zahlen werden wir eine wichtige Beweismethode kennenlernen, die vor allem bei Aussagen über so genannte abzählbare Mengen zur Anwendung kommt - der *vollständigen Induktion.* Sie spielt innerhalb der Logik eine bedeutende Rolle und findet ihre Fortsetzung in der Mengenlehre als *transfinite Induktion.* Guiseppe Peano [4] war der erste, der mit der Formulierung der nach ihm benannten Axiome das formale Fundament für die natürlichen Zahlen legte.

Peano-Axiome

Es gibt eine Menge $\mathbb{N}$ und eine Abbildung $\nu : \mathbb{N} \to \mathbb{N}$ mit den Eigenschaften:

(P1) $1 \in \mathbb{N}$ (d. h. $\mathbb{N} \neq \emptyset$)

(P2) ν ist injektiv

(P3) $1 \notin \nu(\mathbb{N})$

(P4) Für jede Teilmenge $A \subseteq \mathbb{N}$ gilt: Ist $1 \in A$ und hat man für jedes $n \in \mathbb{N}$ auch $\nu(n) \in A$, so ist $A = \mathbb{N}$ (das Induktionsprinzip).

Die Peano-Axiome definieren $\mathbb{N}$, die Menge der natürlichen Zahlen[5].

Bemerkungen 3.4.1.

1. *Aus (P3) folgt* $1 \neq \nu(1) =: 2$

[4] Als Professor an der Universität Turin seit 1883 umfasste das Arbeitsgebiet von Guiseppe Peano (1858-1932) die Grundlagen der Analysis (Peanokurven) und die Theorie der Differenzialgleichungen, deren fundamentaler Existenzsatz (Satz von Peano) von seinen bedeutenden Beiträgen zeugt.

[5] Im Folgenden bedeutet die Symbolik $B =: A$, dass die Schreibweise A definiert ist als B.

2. *Aus (P2) folgt* $\nu(1) \neq \nu(2) =: 3$

3. *Wir schreiben deshalb* $\mathbb{N} = \{1, 2, 3, ...\}$ *und bei Hinzunahme der* 0 *schreiben wir* $\mathbb{N}_0 = \{0, 1, 2, 3 \ldots\}$.

4. *Für die Technik werden Normierungen, wie die DIN 5473 verwendet, in der die natürlichen Zahlen wie folgt festgelegt sind:* $\mathbb{N} = \{0, 1, 2, 3, \ldots\}$, *mit* $\mathbb{N}^* = \{1, 2, 3, \ldots\}$. *Wir werden jedoch konsequent die Definition* $\mathbb{N} = \{1, 2, 3, \ldots\}$ *verwenden.*

Prinzip der vollständigen Induktion
Gegeben sei eine Aussage $A(n)$ über die natürliche Zahl $n \in \mathbb{N}$. Dann gilt $A(n)$ für alle $n \in \mathbb{N}$, wenn

1. $A(1)$ ist richtig (*Induktionsanfang (IA)*)

2. $A(n)$ für ein $n \in \mathbb{N}$ richtig ist (*Induktionsvermutung (IV)*) und zudem auch $A(n+1) = A(\nu(n))$ gilt (*Induktionsschluss (IS)*)

Das Prinzip der vollständigen Induktion kann anstatt von „1“ auch von jeder anderen Zahl „$n_0 \in \mathbb{N}$“ starten. Gleichzeitig kann man auch über endliche Teilmengen von $\mathbb{N}$, deren Mächtigkeit (siehe Def. 3.4.6) nicht bekannt ist, eine Induktion nach dem obigen Muster durchführen. Vielfach wird auch eine sogenannte „umgekehrte Induktion“ vorgenommen, d. h. man beginnt mit dem größten Element und folgt dann hinunter bis Eins oder auch Null.

Beispiel 3.4.1. *(Gauß'sche Summenformel)*
Es gilt für alle $n \in \mathbb{N}$*:*

$$1 + 2 + ... + n = \sum_{i=1}^{n} i = \frac{n \cdot (n+1)}{2}$$

Beweis durch Induktion

1. *(IA) Induktionsanfang:* $n = 1$

$$\textit{linke Seite: } \sum_{i=1}^{n} i = 1$$

$$\textit{rechte Seite: } \frac{n \cdot (n+1)}{2} = \frac{1 \cdot 2}{2} = 1$$

2. *(IV) Induktionsvermutung: Die Formel gilt für ein n*

3. *(IS) Induktionsschluss: $n \to n+1$, zu zeigen ist:*

$$1+2+...+(n+1) = \frac{(n+1)\cdot(n+2)}{2}$$

$$\begin{aligned}
\Rightarrow \quad 1+2+...+(n+1) &= \sum_{i=1}^{n+1} i = \sum_{i=1}^{n} i + (n+1) \\
&= \underbrace{\sum_{i=1}^{n} i}_{\frac{n\cdot(n+1)}{2}\ (IV)} + (n+1) \\
&= \frac{n\cdot(n+1)+2(n+1)}{2} \\
&= \frac{(n+1)(n+2)}{2} \qquad q.e.d.
\end{aligned}$$

Rechenoperationen in $\mathbb{N}$

Die Menge der natürlichen Zahlen ist bezüglich der beiden Rechenoperationen (+), der Addition und ($\cdot$), der Multiplikation, abgeschlossen, d. h.

$$\forall\, n,m \in \mathbb{N} \,:\, n+m, n\cdot m \in \mathbb{N}$$

Bezüglich der Multiplikation enthält $\mathbb{N}$ ein neutrales Element, bezüglich der Addition nicht, d. h.

$$\exists 1 \in \mathbb{N} \forall n \in \mathbb{N} :\, n \cdot 1 = n \ \text{ und } \forall n \in \mathbb{N} \nexists 0 \in \mathbb{N} :\, n+0 = n$$

Weder bezüglich der Addition, noch bezüglich der Multiplikation („1" als Ausnahme) enthält $\mathbb{N}$ für jedes Element jeweils ein Inverses.
Die exakten Bezeichnungen für Mengen, wie $\mathbb{N}$, auf denen Operationen, wie Addition (+) und Multiplikation ($\cdot$), definiert sind, werden im Folgenden gegeben. Diese Bezeichnungen gehören zu den mathematischen Standardvokabeln, wenn man über Mengen mit Verknüpfungen sprechen möchte.

Mengen und Operationen

Definition 3.4.1. *(binäre Operation)*
Eine binäre Operation auf einer nichtleeren Menge A ist eine Abbildung $\varphi : A \times A \to A$, welche je zwei Elementen aus A ein Element aus A zuordnet.

Addition und Multiplikation sind binäre Operationen auf $\mathbb{N}$.

Definition 3.4.2. *(Halbgruppe)*
Eine Menge H mit einer binären Operation $*$ wird Halbgruppe genannt, falls $*$ assoziativ ist: $\forall\, a, b, c \in H \;\; a * (b * c) = (a * b) * c$. In Zeichen wird die Halbgruppe als Paar $(H, *)$ angegeben.

$(\mathbb{N}, +)$ und $(\mathbb{N}, \cdot)$ sind jeweils Halbgruppen.

Eine Erweiterung der Halbgruppe ist die Definition der Gruppe.

Definition 3.4.3. *(Gruppe)*
Eine Menge G versehen mit einer binären Abbildung $\circ$ wird Gruppe genannt, wenn

1. *$\circ$ assoziativ ist,*
2. *$\circ$ ein neutrales Element $n_\circ$ besitzt, mit $a \circ n_\circ = a$, für alle $a \in G$,*
3. *für alle $a \in G$ existiert je ein inverses Element $a^{-1} \in G$, mit $a \circ a^{-1} = a^{-1} \circ a = n_\circ$.*

Ist zusätzlich noch die Abbildung $\circ$ kommutativ, so wird die Gruppe eine kommutative Gruppe oder ***abelsche Gruppe*** *genannt.*

Weder $(\mathbb{N}, +)$ noch $(\mathbb{N}, \cdot)$ sind abelsche Gruppen, da die geforderten inversen Elemente in $\mathbb{N}$ nicht vorhanden sind.
Die Lösbarkeit von Gleichungen in $\mathbb{N}$ ist damit nicht immer gegeben. Man stelle sich zum Beispiel die Frage: „Gibt es ein $n \in \mathbb{N}$ mit $17 + n = 8$?“
Die Antwort lautet natürlich „Nein, ein solches $n \in \mathbb{N}$ existiert nicht.“
Also wird die Erweiterung der natürlichen Zahlen zu den ganzen Zahlen notwendig.
Die *ganzen Zahlen* $\mathbb{Z}$ stellen eine Erweiterung der Menge der natürlichen Zahlen um die additiven Inversen und das neutrale Element der Addition dar: $\mathbb{Z} = \{..., -3, -2, -1, 0, 1, 2, 3, ...\}$
$\mathbb{Z}$ ist zusammen mit der Addition, $(\mathbb{Z}, +)$, eine abelsche Gruppe.

Division mit Rest
Für Zahlen $n \in \mathbb{Z}$ und $m \in \mathbb{N}$ gibt es eindeutige $q \in \mathbb{Z}$ und $r \in \{0, ..., m-1\}$ mit $n = q \cdot m + r$.

Beispiel 3.4.2.
$n = -53$, $m = 16$, $q = -4$ und $r = 11 \Rightarrow -53 = 16 \cdot (-4) + 11$

Bekanntermaßen kann man sowohl auf der Menge der natürlichen Zahlen als auch auf der Menge der ganzen Zahlen eine Multiplikation definieren, die nichts anderes ist als die Vereinfachung der mehrmaligen Addition (bzw. Subtraktion). Also haben wir auf $\mathbb{N}$ und $\mathbb{Z}$ zwei Operationen: Addition „+" und Multiplikation „·". Die Eigenschaften, die von $\mathbb{Z}$ erfüllt werden, fasst man zu einem neuen Begriff zusammen, den des *Rings*.

Definition 3.4.4. *(Ring)*
Ein Tripel $(\mathcal{R}, +, \cdot)$ bestehend aus einer Menge $\mathcal{R}$ und zwei Operationen $+ : \mathcal{R} \times \mathcal{R} \to \mathcal{R}$ und $\cdot : \mathcal{R} \times \mathcal{R} \to \mathcal{R}$ nennt man Ring, wenn

1. *$(\mathcal{R}, +)$ ist eine kommutative Gruppe.*

2. *$(\mathcal{R}, \cdot)$ ist eine Halbgruppe.*

3. *es gelten die Distributivgesetze: Für alle $x, y, z \in \mathcal{R}$ gilt:*

$$(x + y) \cdot z = x \cdot z + y \cdot z \text{ und } x \cdot (y + z) = x \cdot y + x \cdot z$$

Man sagt der Ring ist kommutativ, wenn die Multiplikation $\cdot$ kommutativ ist und der Ring ist ein Ring mit Einselement, wenn es bezüglich der Multiplikation ein neutrales Element 1 gibt.

Die Lösbarkeit von Gleichungen, welche die Multiplikation als Operation enthalten, ist in $\mathbb{Z}$ dennoch nicht immer gegeben. z. B.:
Gibt es ein $n \in \mathbb{Z}$ mit $9 \cdot n = 4$?
Nein, eine solche Zahl $n \in \mathbb{Z}$ existiert nicht, womit die Einführung der *rationalen Zahlen* $\mathbb{Q}$ notwendig wird.

$$\mathbb{Q} = \left\{ \frac{p}{q};\ p \in \mathbb{Z},\ q \in \mathbb{Z} \setminus \{0\} \right\}$$

In $\mathbb{Q}$ gelten die folgenden Rechenregeln:

1. Äquivalenz:
$$\frac{a}{b} = \frac{c}{d} \Leftrightarrow a \cdot d = b \cdot c$$

2. Addition:
$$\frac{a}{b} + \frac{c}{d} = \frac{a \cdot d + c \cdot b}{b \cdot d}$$

3. Multiplikation:
$$\frac{a}{b} \cdot \frac{c}{d} = \frac{a \cdot c}{b \cdot d}$$

4. Anordnung:
$$\frac{a}{b} \leq \frac{c}{d} \Leftrightarrow a \cdot d \leq b \cdot c$$

für $a, c \in \mathbb{Z}$; $b, d \in \mathbb{N}$

Zusammen mit der Addition und der Multiplikation als Rechenoperationen gilt für $\mathbb{Q}$:

1. $(\mathbb{Q}, +)$ ist eine abelsche Gruppe.
2. $(\mathbb{Q}\backslash\{0\}, \cdot)$ ist eine abelsche Gruppe.
3. Es gilt das Distributivgesetz $x \cdot (y + z) = x \cdot y + x \cdot z$, für alle $x, y, z \in \mathbb{Q}$.

Definition 3.4.5. *(Körper)*
Eine Menge $\mathbb{K}$ mit zwei binären Operationen, $(+)$ der Addition und $(\cdot)$ der Multiplikation, in Zeichen als Tripel $(\mathbb{K}, +, \cdot)$, wird Körper genannt, falls die folgenden Gesetze in $\mathbb{K}$ gelten:

1. *$(\mathbb{K}, +)$ ist eine abelsche Gruppe.*
2. *$(\mathbb{K} \setminus \{0\}, \cdot)$ ist eine abelsche Gruppe.*
3. *Es gilt das Distributivgesetz: $a \cdot (b + c) = a \cdot b + a \cdot c$ für alle $a, b, c \in \mathbb{K}$*

Vereinbarungen
Neben den Rechengesetzen gelten die folgenden Vereinbarungen von Schreibweisen[6]:

$$\frac{1}{a} := a^{-1}\,(a \neq 0)\,; \quad \frac{a}{b} := a \cdot \frac{1}{b}\,(\,b \neq 0)\,; \quad ab := a \cdot b\,; \quad a - b := a + (-b)$$

$(\mathbb{Q}, +, \cdot)$ ist ein Körper und in $\mathbb{Q}$ sind alle Gleichungen der Form $a + x = b$, $(a, b \in \mathbb{Q})$ und $a \cdot x = b$, $(a, b \in \mathbb{Q},\ a \neq 0)$ eindeutig lösbar. Lösungen von Potenzgleichungen sind jedoch nicht immer in $\mathbb{Q}$ möglich, wie z.B. bei $x^2 = 2$.

Einer der Begründer der Gruppentheorie und vor allem der Theorie der Körper ist Évariste Galois. [7]

Wir wollen uns einem alten Problem annehmen, das den Griechen bereits vor ca. 3000 Jahren bekannt war und dessen Lösung, so eine Anekdote, sogar zu einem Mord führte. Die Pythagoreer waren der festen Überzeugung, dass es außer den rationalen Zahlen keine anderen geben kann und man alles durch sie ausdrücken könnte. Die folgende klassische Argumentation verwendet übrigens den damals bereits länger bekannten Satz von Pythagoras.

---

[6] Die Symbolik $A := B$ bedeutet, dass die Schreibweise A definiert ist als B.

[7] Évariste Galois (1811-1832) führte ein kurzes aber dafür sehr turbulentes Leben, das zu mancher Legendenbildung herhalten durfte. Sein Vater beging, um ein Zeichen der Gewissensfreiheit zu setzen, Selbstmord als Évariste 18 Jahre alt war. Auch er war mehr ein Revolutionär, als dass er sich der Gesellschaft anpassen konnte oder wollte. Sein Hauptwerk besteht aus epochemachenden Arbeiten zur Auflösungstheorie von algebraischen Gleichungen, mit der er vollkommen neue Fundamente der Algebra legte, darunter die nach ihm benannte Galoistheorie. Gleichzeitig prägte er den Begriff der Gruppe und gilt als Begründer der Theorie der endlichen Körper (Galois-Felder). Sein Ende war denn auch so spektakulär wie sein Leben - er starb einen Tag nach einem Duell, der Legende nach wegen einer Prostituierten, doch wohl mehr dem Schicksal seines Vaters nacheifernd. Die volle Bedeutung seiner Arbeiten wurde der Gemeinschaft der Mathematiker erst Ende des 19.Jh. bewusst.

Problem:
Wie lang ist die Diagonale eines Quadrates mit 1m Kantenlänge? Könnte die Länge der Diagonalen durch eine rationale Zahl wiedergegeben werden?

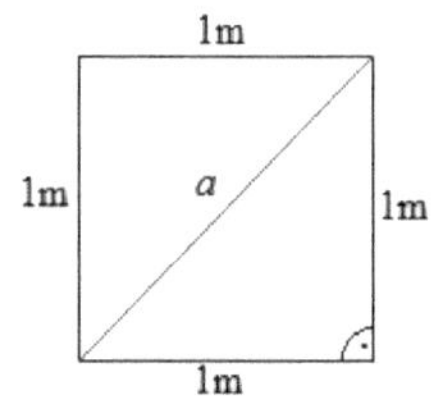

Nach Pythagoras gilt: $a^2 = 1^2 + 1^2 = 2$
Was ist a?

Annahme: $a \in \mathbb{Q}$

$$\Rightarrow a = \frac{p}{q}\,,\; p, q \in \mathbb{N}_0\,,\; q \neq 0$$

Wir können nach Kürzen annehmen, dass p und q teilerfremd sind, d. h. nur die 1 teilt gleichzeitig p und q restfrei.

$$\begin{aligned}
\Rightarrow \quad 2 = a^2 \quad &= \quad \frac{p^2}{q^2} \\
&\Leftrightarrow \quad p^2 = 2q^2 \text{ ist eine gerade Zahl} \,(*) \\
&\Leftrightarrow \quad p^2 \text{ ist eine gerade Zahl} \\
&\Leftrightarrow \quad p \text{ ist eine gerade Zahl} \\
&\Leftrightarrow \quad \exists\, k \in \mathbb{N} : p = 2 \cdot k \\
&\Leftrightarrow \quad p^2 = (2 \cdot k)^2 = 4 \cdot k^2 \overbrace{=}^{\text{mit } (*)} 2 \cdot q^2 \\
&\Leftrightarrow \quad 2 \cdot k^2 = q^2 \\
&\Leftrightarrow \quad q \text{ ist gerade}
\end{aligned}$$

Also ist 2 Teiler von p und q, was ein Widerspruch zur Annahme der Teilerfremdheit von p und q ist.
Damit ist bewiesen, dass $a \notin \mathbb{Q}$ q.e.d.

Symbolisch kann a angegeben werden als $a = \sqrt{2} \notin \mathbb{Q}$
Wo liegt $\sqrt{2}$?

$\sqrt{2}$ soll mittels „Intervallschachtelung“ bestimmt werden.
Ein Intervall ist eine Teilmenge von $[a, b] \subset \mathbb{Q}$, für die gilt:

$$[a, b] = \{\, x \in \mathbb{Q} \mid a \leq x \leq b \,\}$$

Eine Intervallschachtelung ist eine Folge von Intervallen I_1, I_2, $I_3, \ldots \subset \mathbb{Q}$, mit $I_{n+1} \subset I_n$, für alle $n \in \mathbb{N}$. Es gilt damit $1 < \sqrt{2} < 2$.
Die schrittweise Teilung des zugehörigen Intervalls $[1, 2]$ ergibt:

$$\overbrace{1 < \sqrt{2} < \frac{3}{2}}^{Ja} \text{ oder } \overbrace{\frac{3}{2} < \sqrt{2} < 2}^{Nein}$$

$$\underbrace{1 < \sqrt{2} < \frac{5}{4}}_{Nein} \text{ oder } \underbrace{\frac{5}{4} < \sqrt{2} < 2}_{Ja}$$

usw.

Die Zahl $\sqrt{2}$ kann beliebig genau durch rationale Zahlen angenähert werden, ist aber nie ein Element aus $\mathbb{Q}$. Zur Erweiterung der rationalen Zahlen führen wir folgende Begriffe ein:

Definitionen 3.4.1. *(Beschränktheit, Schranke)*
Sei $M \subset \mathbb{Q}$; $M \neq \emptyset$.

1. *M ist nach oben (bzw. nach unten) beschränkt, was äquivalent dazu ist, dass es ein $x \in \mathbb{Q}$ gibt, mit $z \leq x$ für alle $z \in M$ (bzw. es gibt ein $y \in \mathbb{Q}$ mit $y \leq z$ für alle $z \in M$); x nennt man obere Schranke von M (bzw. y untere Schranke von M). x und y müssen dabei nicht in M enthalten sein.*

2. *M nennt man beschränkt, wenn M nach oben und unten beschränkt ist.*

3. *Sei M nach oben beschränkt. Man nennt $s \in \mathbb{Q}$ Supremum von M, wenn es die kleinste obere Schranke ist, d. h. für $r < s$ ist r keine obere Schranke von M. In Zeichen: $s = \sup(M)$*

4. *Analog: Ist M nach unten beschränkt, so nennt man $r \in \mathbb{Q}$ Infimum vom M, wenn r größte untere Schranke ist. Bezeichnung: $r = \inf(M)$*

Beispiele 3.4.1. *(Beschränktheit, Schranke)*

1. $$M = \left[1, \frac{5}{4}\right] = \left\{x \in \mathbb{Q}\,;\; 1 \leq x \leq \frac{5}{4}\right\} \Rightarrow \sup(M) = \frac{5}{4};$$

   Obere Schranken sind z. B. $2, 6, \frac{5}{4}$.

2. $$M = \left[1, \frac{5}{4}\right[= \left\{x \in \mathbb{Q}\,;\; 1 \leq x < \frac{5}{4}\right\} \Rightarrow sup(M) = \frac{5}{4};$$

   obere Schranken, siehe z. B.(a)

3. *Die Menge* $M = \{x \in \mathbb{Q}; 1 < x < 2 \text{ und } ; x^2 \geq 2\}$ *ist beschränkt und für* $r = \inf(M)$ *muss gelten* $r^2 = 2$.
   Da $r \notin \mathbb{Q}$, *hat* M *in* $\mathbb{Q}$ *kein Infimum.*

Wir erweitern $\mathbb{Q}$ zu den reellen Zahlen $\mathbb{R}$ mit Hilfe des Vollständigkeitsaxioms:

Das Vollständigkeitsaxiom (VA)
Es gibt eine total geordnete Menge $\mathbb{R}$, die $\mathbb{Q}$ enthält, mit Addition und Multiplikation ein Körper ist und in der jede nichtleere nach oben beschränkte Menge $M \subset \mathbb{R}$ ein Supremum besitzt.

Bemerkungen 3.4.2.

1. *Eine Menge* M *heißt „total geordnet“, falls auf ihr die Relationen „$\leq$“ definiert ist und*

   $$\forall\, x, y \in M: \; x \leq y \text{ oder } x \geq y$$

   gilt.

2. *Das Vollständigkeitsaxiom ist eine Forderung. Es gibt verschiedene konstruktive Zugangsweisen zu den reellen Zahlen (Äquivalenzklassen so genannter Cauchy-Folgen in* $\mathbb{Q}$ *oder mit Hilfe der Dedekindschen Schnitte), die aber immer auch die Vollständigkeit fordern. Damit ist das Vollständigkeitsaxiom ein Axiom im Sinne der Logik - es ist nicht aus anderen Eigenschaften oder Aussagen ableitbar. Wir gehen aber nicht weiter darauf ein und verweisen für alle Interessierten auf die Literatur (siehe z. B.[H1],[H2],[K1] etc.).*

Die nachfolgenden Aussagen leiten sich direkt aus dem Vollständigkeitsaxiom ab oder werden hier erwähnt, weil wir später darauf zurückgreifen.

Satz 3.4.1.
Die Menge $\mathbb{N}$ *ist nicht nach oben beschränkt.*

Beweis:
Wir wollen einmal exemplarisch einen Beweis anführen, um zu zeigen, wie das Vollständigkeitsaxiom eingeht.

Annahme: $\mathbb{N} \subset \mathbb{Q} \subset \mathbb{R}$ ist nach oben beschränkt $\overset{\text{VA}}{\Rightarrow}$ es gibt $y \in \mathbb{R}$ mit $n \leq y$ für alle $n \in \mathbb{N}$ und $y = \sup(\mathbb{N}) \Rightarrow y - 1$ ist nicht obere Schranke von $\mathbb{N} \Rightarrow$ es existiert ein $n_0 \in \mathbb{N}$ mit $y - 1 < n_0 \Rightarrow y < (n_0 + 1) \in \mathbb{N}$ $\Rightarrow y$ ist nicht Supremum $\Rightarrow$ Widerspruch! q.e.d

Satz 3.4.2. *(Archimedisches Prinzip)* [8]
Seien $x, y \in \mathbb{R}$*,* $x, y > 0$*. Dann gibt es ein* $m \in \mathbb{N}$ *mit* $m \cdot x \geq y$

Satz 3.4.3. *(Division mit Rest)*
Sei $\alpha \in \mathbb{R}, \alpha > 0$*. Dann gibt es zu jedem* $x \in \mathbb{R}$ *eindeutige Zahlen* $n \in \mathbb{R}$ *und* $0 \leq r < \alpha$ *mit* $x = n \cdot \alpha + r$

Satz 3.4.4. *(Bernoulli-Ungleichung)* [9]
Sei $x \in \mathbb{R}$*,* $x > -1$*. Dann gilt für alle* $n \in \mathbb{N}$

$$(1 + x)^n \geq 1 + n \cdot x$$

---

[8] Archimedes (287-217 v. Chr.) gilt als bedeutendster Mathematiker der Antike, der sich neben der Mathematik auch mit Mechanik und der Konstruktion von Kriegsgerät beschäftigt hat. Allerdings ist nicht viel von seinem Leben bekannt. Er war wohl der erste, der das infinitesimale Prinzip erkannte und damit Volumenbestimmungen vornehmen konnte.

[9] Jacob Bernoulli (1623-1708) war der Begründer einer der in der Mathematik einmaligen Familiendynastie, die über Jahrhunderte einige bedeutende Gelehrte hervorbrachten - nicht nur in der Mathematik. J. Bernoulli, der nach dem Wunsch des Vaters zuerst Theologie studierte, erhielt 1687 nach langjährigen Reisen in Italien, den Niederlanden und Frankreich einen Lehrstuhl für Mathematik in Basel. Auf ihn geht das Prinzip der vollständigen Induktion, der Begriff des Integrals (gemeinsam mit Leibniz) und Ergebnisse von speziellen Kurven (Spiralen) sowie der Kettenlinie zurück, wobei letztere heute noch zur Konstruktion von Brücken bedeutsam ist.

Beweis:
Die Bernoulli-Ungleichung beweist man mittels vollständiger Induktion nach n

1. *(IA):* $n = 1 : (1+x)^n = 1 + x = 1 + 1 \cdot x$
2. *(IV):* $(1+x)^n \geq 1 + n \cdot x$ *gilt für ein* $n \in \mathbb{N}$
3. *(IS):* $n \to n+1$

$$\begin{aligned}
(1+x)^{n+1} &= (1+x)^n \cdot (1+x) \geq \underbrace{(1+n\cdot x)}_{IV} \cdot \underbrace{(1+x)}_{>0} \\
&= 1 + x + n\cdot x + \underbrace{n\cdot x^2}_{\geq 0} \\
&\geq 1 + x + n \cdot x \\
&= 1 + (n+1)\cdot x \qquad q.e.d
\end{aligned}$$

Exkurs: Mächtigkeit von Mengen

Hat man zwei endliche Mengen A und B vor sich, so kann man versuchen, diese zu vergleichen. Die eine Möglichkeit besteht darin festzustellen, ob $A \subset B$, $B \subset A$ oder $A = B$ gilt. Dies verlangt die Vergleichbarkeit der einzelnen Elemente. Eine andere Möglichkeit kann man durch das so genannte „Abzählen" erreichen. Man ordnet jedem Element mittels einer injektiven und surjektiven Abbildung eine natürliche Zahl zu, also man definiert bijektive Abbildungen $\{1, \ldots, n_A\} \to A$ und $\{1, \ldots, n_B\} \to B$. Ist nun $n_A = n_B$, so sagt man beide Mengen sind gleich groß bzw. gleich mächtig, denn man kann eine insgesamt bijektive Abbildung $A \to B$ finden. Genau dies ist der Ausgangspunkt für die Vergleichbarkeit unendlicher Mengen. Während es relativ einfach ist, endliche Mengen zu vergleichen, bieten die unendlichen Mengen weitaus mehr Struktur. In Anlehnung an die obige Ausführung legen wir jetzt die Vergleichbarkeit fest.

Definition 3.4.6. *(Mächtigkeit)*

1. *Wir sagen zwei Mengen A, B haben die gleiche Mächtigkeit, wenn es surjektive Abbildungen $\tau_1 : A \to B$ und $\tau_2 : B \to A$ gibt.*

2. *Eine Menge A ist mindestens so mächtig wie die Menge B, wenn es eine surjektive Abbildung $\tau : A \to B$ gibt.*

3. *Man sagt eine Menge A ist endlich, wenn ein $N \in \mathbb{N}$ und eine bijektive Abbildung $\tau : \{1, \ldots, N\} \to A$ existieren. Man gibt die Anzahl der Elemente an durch die Bezeichnung:*

$$\mathit{card}(A) = N$$

(Die „Kardinalzahl" von A)

4. *Eine Menge A ist abzählbar unendlich, wenn sie gleichmächtig mit $\mathbb{N}$ ist. Hier schreibt man für die Mächtigkeit*

$$\mathit{card}(A) = \mathit{card}(\mathbb{N}) =: \aleph_0$$

($\aleph$: gesprochen „Aleph")

5. *Eine Menge A wird als überabzählbar unendlich bezeichnet, wenn $\mathbb{N}$ nicht mindestens so mächtig ist wie A.*

Es lässt sich zeigen: $\mathbb{Q}$, die Menge der rationalen Zahlen, hat die gleiche Mächtigkeit wie die der natürlichen Zahlen, d. h. $\mathbb{Q}$ ist abzählbar. Aber mittels des Cantorschen Diagonalisierungsverfahren zeigt man, dass $\mathbb{R}$ mächtiger ist als $\mathbb{N}$, also überabzählbar ist [F1]. Es ist allerdings nicht mit den Axiomen der Mengenlehre (Zermelo-Fraenkel-Axiome) zu klären, ob es zwischen den natürlichen Zahlen und den reellen Zahlen noch eine weitere echt dazwischen liegende Mächtigkeit gibt.

3.4.1 Kurzaufgaben zum Verständnis

1. Es seien A und B beschränkte, nichtleere Teilmengen von $\mathbb{R}$. Gilt für $A+B=\{a+b;\ a\in A, b\in B\}$ die Formel

$$\sup(A+B)=\sup A+\sup B\ ?$$

   - ☐ ja
   - ☐ nein
   - ☐ nur wenn A oder B Teilmengen der positiven reellen Zahlen sind.

2. Es gilt für $M=\{\frac{1}{n}+\frac{1}{m}; n,m\in\mathbb{N}\}$:

   - ☐ $\inf M>0$
   - ☐ $\inf M=0$
   - ☐ Infimum existiert nicht.

3. Für alle $x,y\in\mathbb{R}$ gilt $|x+y|\leq|x|+|y|$

   - ☐ ja
   - ☐ nein
   - ☐ nur wenn x oder y positiv ist.

4. Für alle $x,y\in\mathbb{R}$ gilt $||x|-|y||\leq|x+y|$

   - ☐ nein
   - ☐ nur wenn $x,y\geq 0$.
   - ☐ ja

3.4.2 Übungen

Lösungsvideos zu den Übungen können auf www.lsgn24h.de über die Eingabe des Lösungscodes abgerufen werden.

Kl A:

1. Beweisen Sie, nur unter zur Hilfenahme der Rechengesetze des Körpers, dass in $\mathbb{R}$ jeweils nur eine Null und eine Eins existieren können.

   (Lösungscode: SB01ZS0A001)

2. Beweisen Sie durch vollständige Induktion

   $$\sum_{k=1}^{n} k^2 = 1 + 4 + 9 + 16 + \ldots + n^2 = \frac{n(n+1)(2n+1)}{6}$$

   für alle $n \in \mathbb{N}$.

   (Lösungscode: SB01ZS0A002)

3. Beweisen Sie durch vollständige Induktion

   $$\sum_{k=0}^{n} 2^k = 2^{n+1} - 1$$

   für alle $n \in \mathbb{N}$.

   (Lösungscode: SB01ZS0A003)

Kl B:

1. Beweisen Sie, nur unter zur Hilfenahme der Rechengesetze des Körpers, dass in $\mathbb{R}$ das Rechengesetz für die Subtraktion von Brüchen gilt:

   $$\frac{a}{b} - \frac{c}{d} = \frac{ad - cb}{bd}, \quad a, b, c, d \in \mathbb{Z}, \text{ mit } b, d \neq 0$$

   (Lösungscode: SB01ZS0B001)

2. Zeigen Sie, dass für jede Zahl n aus folgender Menge

$$\{x \in \mathbb{Z} \mid 10 \leq x \leq 99\}$$

gilt, wenn man die Quersumme von n bildet und diese von n subtrahiert, eine durch 9 restlos teilbare Zahl erhält.

(Lösungscode: SB01ZS0B002)

3. Beweisen Sie mittels vollständiger Induktion

$$\prod_{k=1}^{n} \left(\frac{k^2 - 1}{k^2} \right) = \frac{1+n}{2n}$$

für alle $n \in \mathbb{N}$.

(Lösungscode: SB01ZS0B003)

Kl C:

1. Beweisen Sie, nur unter zur Hilfenahme der Rechengesetze des Körpers, dass $a \cdot 0 = 0$ in $\mathbb{R}$ für alle $a \in \mathbb{R}$ gilt.

(Lösungscode: SB01ZS0C001)

2. Beweisen Sie: In einem Körper $(K, +, \cdot)$ folgt aus $a \cdot b = 0$ immer, dass $a = 0$ oder $b = 0$ gilt (0 ist neutrales Element bezüglich $+$).

(Lösungscode: SB01ZS0C002)

Kl D:

1. Durch
$$x \star y = x + 2y - 4$$
sei eine Verknüpfung auf $\mathbb{Z}$ definiert.
   (a) Sind die Gleichungen
   $$a \star x = b \text{ und } y \star c = d \ (a, b, c, d \text{ fest gegeben})$$
   stets in $\mathbb{Z}$ lösbar? Wenn nein, geben Sie Bedingungen für a, b bzw. c, d an, die dies gewährleisten.
   (b) Ist die Verknüpfung assoziativ?
   (c) Bestimmen Sie alle Verknüpfungen $\circ$ der Art
   $$x \circ y = x + \lambda y + \mu, \quad \lambda, \mu \in \mathbb{Z}$$
   die assoziativ sind.

(Lösungscode: SB01ZS0D001)

2. Für eine Abbildung $f : \mathbb{N} \to \mathbb{N}$ gelte $f(f(n)) < f(n+1)$ für alle $n \in \mathbb{N}$. Zeigen Sie, dass $f(n) = n$ für alle $n \in \mathbb{N}$ gilt, in dem Sie mittels vollständiger Induktion über n zeigen, dass $f(k) \geq n$ für alle $k \geq n$ und $f(n) < f(n+1)$ gilt.

(Lösungscode: SB01ZS0D002)

4. Folgen und Reihen

Die Werke des Mathematikers müssen schön sein,
wie die des Malers oder Dichters,
die Ideen müssen harmonieren
wie die Farben oder Worte.
Schönheit ist die erste Prüfung,
es gibt keinen Platz in der Welt für häßliche Mathematik.

Godfrey Harold Hardy (1877-1947)

Eines der grundlegenden Konzepte der Mathematik ist das der Folge und damit zusammenhängend das Konzept der Reihe. Es sollte darauf hingewiesen werden, dass eine detaillierte Darstellung den Rahmen dieser Monographie sprengen würde und auch nicht ihr Ziel ist. Nachdem wir die Folgen eingeführt haben, werden wir einen kleinen Exkurs in die Kombinatorik machen, da man hier sehr schnell einige weitere Begriffe einführen kann, auf die wir in dem gesamten Buch zurückgreifen werden. Wie in der gesamten Monographie haben wir auf die meisten Beweise verzichtet, um einerseits den Fluss nicht zu stören und andererseits auch Lesern Gelegenheit zu bieten, sich intensiver mit der mathematischen Argumentation zu beschäftigen.

4.1 Folgen

Der Begriff der Folge ist grundlegend für alle Betrachtungen von Reihen, Funktionen und den damit zusammenhängenden Begriffen wie Ableitung und Integral. Immer dort, wo man einen Grenzübergang vornimmt, also eine Art von Konvergenz benötigt, ist entweder der Begriff der Folge der

G. Schlüchtermann und N. Mahnke, *Basiswissen Ingenieurmathematik Band 1*,
https://doi.org/10.1007/978-3-658-35336-0_4

einzig gangbare Weg oder es ist der anschaulich beste und praktikabelste. Im Zeitalter der Programmierung hat er zentrale Bedeutung vor allem auch in der Informatik.

Definition 4.1.1. *(Folge, Zahlenfolge)*
Eine Folge (Zahlenfolge) ist eine Abbildung $a : \mathbb{N} \to \mathbb{R}$.
Notiert wird die Folge kurz durch $(a_n)_{n\in\mathbb{N}}$ *mit* $a_n = a(n)$

Im täglichen Leben findet man Folgen von reellen Zahlen in vielen Bereichen. So bilden die Temperaturwerte der vergangenen Jahrhunderte ebenso eine Zahlenfolge, wie Messdaten bei Drehmomentmessungen an einem Ottomotor, die Anzahl der in einer Sonnenblume pro Ring von innen nach außen angeordneten Kerne oder auch die skurrilen Zahlenfolgen der Zahlensender („Number Stations") im Kurz- und Langwellenbereich. Beginnen wir aber deutlich einfacher und geben ein paar wichtige Zahlenfolgen in den nächsten Beispielen an.

Beispiele 4.1.1.

1. *Konstante Folge:*
   $c = 3$; *Folge* $a_n = c = 3$; *also* $(a_n) = (3, 3, 3, ...)$

2. *Nullfolge:* $a_n = \frac{1}{n} \Rightarrow\ a_1 = 1;\ a_2 = \frac{1}{2};\ a_3 = \frac{1}{3};\ ...$

$$(a_n) = \left(1, \frac{1}{2}, \frac{1}{3}, \frac{1}{4}, ...\right)$$

3. *alternierende Folge :*$a_n = (-1)^n \Rightarrow\ a_1 = -1;\ a_2 = 1;\ a_3 = -1;\ \ldots$

$$(a_n) = (-1, 1, -1, 1, ...)$$

4. *(bestimmt) divergente Folge:* $a_n = n$. *Also*

$$(a_n) = (1, 2, 3, 4, ...)$$

5. *arithmetische Folge:*
   Seien $a, d \in \mathbb{R}$. $a_1 = a;\ a_2 = a + d;\ a_3 = a + d + d;\ ...$

$$a_n = a + (n-1) \cdot d$$

6. *geometrische Folge:*
   Seien $a, q \in \mathbb{R}$. $a_1 = a;\ a_2 = a \cdot q;\ ...$

$$a_{n+1} = a_n \cdot q = a \cdot q^n$$

Bemerkungen 4.1.1.

1. *Eine alternierende Folge* $(a_n)_{n \in \mathbb{N}}$ *zeichnet sich dadurch aus, dass* $a_n \cdot a_{n+1} < 0$ *gilt, für alle* $n \in \mathbb{N}$.

2. *Eine arithmetische Folge* $(a_n)_{n \in \mathbb{N}}$ *zeichnet sich dadurch aus, dass* $a_{n+1} - a_n = d$ *gilt, für alle* $n \in \mathbb{N}$.

3. *Eine geometrische Folge* $(a_n)_{n \in \mathbb{N}}$ *zeichnet sich dadurch aus, dass* $\frac{a_{n+1}}{a_n} = q$ *gilt, für alle* $n \in \mathbb{N}$.

Definitionen 4.1.1. *Darstellungen von Folgen*

1. *Eine Folgendarstellung wird als analytisch bezeichnet, falls es eine Abbildung* $a : \mathbb{N} \to \mathbb{R}$, *mit*
$n \mapsto a(n) = a_n$ *gibt.*

2. *Eine Folgendarstellung wird als rekursiv bezeichnet, falls sich das* n*-te Folgeglied aus Vorgängergliedern berechnen lässt. Hierfür sind zusätzlich die Werte ein oder mehrerer Anfangsfolgeglieder zu definieren.*

Beispiele 4.1.2. *Darstellungen von Folgen*

1. ***Fibonacci-Folge****(rekursiv)*
$a_0 := 0,\ a_1 := 1,\ a_n = a_{n-1} + a_{n-2}$

$$\Rightarrow \ (a_n)_{n \in \mathbb{N}_0} = (0, 1, 1, 2, 3, 5, 8, 13, \ldots)$$

2. *Statt der Schreibweise „*$(a_n)_{n \in \mathbb{N}_0}$*“ werden wir meist, wenn es klar ist, nur „*(a_n)*“ verwenden. Damit es zwischen Folge und Menge der Folgeglieder keine Verwechselungen gibt, sei das vorherige Beispiel noch einmal herangezogen:*

   Die Fibonacci-Folge hat folgendes Aussehen:

$$(a_n)_{n \in \mathbb{N}_0} = (0, 1, 1, 2, 3, 5, 8, 13, \ldots)$$

   Die Menge der Folgeglieder dagegen:

$$\{a_n; n \in \mathbb{N}_0\} = \{0, 1, 2, 3, 5, 8, 13, \ldots\}$$

3. *Eine Folge kann durch Markierungen auf dem Zahlenstrahl dargestellt werden, z. B. für $(a_n)_{n\in\mathbb{N}}$ definiert durch*

$$a_n = 1 - \frac{2}{n} \Rightarrow (a_n) = \left(-1, 0, \frac{1}{3}, \frac{1}{2}, \frac{3}{5}, \ldots\right)$$

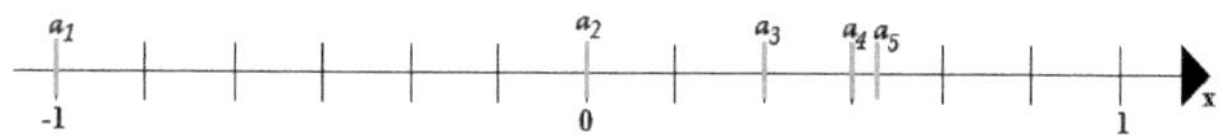

4. *Eine Folge kann auch in einem Koordinatensystem dargestellt werden, z. B. für die Folge $(a_n)_{n\in\mathbb{N}}$ definiert durch*

$$a_n = n^2 \Rightarrow a_n = (1, 4, 9, 16, \ldots)$$

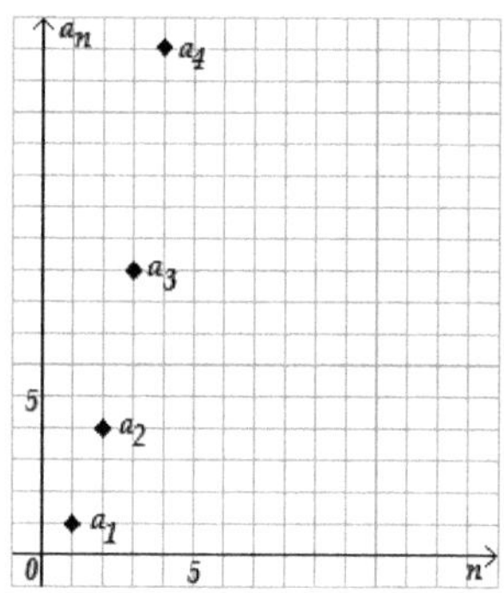

Damit kommen wir jetzt zu dem zentralen Begriff für Folgen schlechthin, dem der „Konvergenz“. Die Konvergenz beschreibt ein Prinzip, das uns immer wieder bei der Betrachtung von „asymptotischen“ Fragen begegnen wird.

Auf die Definition einer konvergenten Folge trifft man übrigens wieder, wenn die Stetigkeit einer Funktion betrachtet werden soll.

Definition 4.1.2. *(Konvergenz, Grenzwert)*
Eine Folge $(a_n)_{n\in\mathbb{N}}$ konvergiert gegen $a \in \mathbb{R}$ („ist konvergent gegen a“), wenn es für alle $\epsilon > 0$ ein $N(\epsilon) \in \mathbb{R}$ gibt, mit $|a_n - a| < \epsilon$ für alle $n \geq N(\epsilon)$.
a nennt man den Grenzwert oder Limes der Folge $(a_n)_{n\in\mathbb{N}}$, mit der symbolischen Schreibweise:

$$\lim_{n\to\infty} a_n = a \text{ oder } a_n \stackrel{n\to\infty}{\longrightarrow} a$$

Beispiele 4.1.3.

1. *Konstante Folge*

$$a_n = c = 2 \Rightarrow \lim_{n\to\infty} a_n = 2$$

2. *Nullfolge*

$$a_n = \frac{1}{n} \Rightarrow \lim_{n\to\infty} a_n = 0$$

3. *Die alternierende Folge*

$$a_n = (-1)^n$$

Die Folge konvergiert nicht, denn angenommen, (a_n) konvergiere gegen $a \in \mathbb{R}$.
Dann existiert zu $\epsilon = \frac{1}{2} > 0$ ein $N\left(\frac{1}{2}\right) \in \mathbb{N}$ mit

$$|a_n - a| < \epsilon = \frac{1}{2} \text{ für } n \geq N(\epsilon).$$

und damit

$$\begin{aligned} 2 &= |a_{n+1} - a_n| \\ &= |(a_{n+1} - a) - (a_n - a)| \leq \underbrace{|a_{n+1} - a|}_{<\frac{1}{2}} + \underbrace{|a_n - a|}_{<\frac{1}{2}} < 1 \end{aligned}$$

$\Rightarrow$ *Widerspruch!* *q.e.d.*

4. *Die Folge $a_n = n$ konvergiert ebenfalls nicht, sie divergiert bestimmt gegen unendlich.*
Das bedeutet: Für alle $M \in \mathbb{R}$ existiert ein $N(M) \in \mathbb{N}$: $a_n \geq M$ für alle $n \geq N(M)$.

Definition 4.1.3. *(Divergenz)*
Eine Folge $(a_n)_{n\in\mathbb{N}}$ heißt divergent, falls sie nicht konvergent ist.

Definition 4.1.4. *(Das Symbol ∞)*
Das Symbol ∞ ($-\infty$) ist keine Zahl, definiert sich aber durch die folgenden "Eigenschaft":

$$\forall x \in \mathbb{R} : \infty > x \quad (bzw.\ \forall x \in \mathbb{R} : -\infty < x)$$

Definition 4.1.5. *(Bestimmte Divergenz)*
Eine Folge $(a_n)_{n\in\mathbb{N}}$ heißt bestimmt divergent gegen ∞ ($-\infty$), falls für alle $M \in \mathbb{R}$ ein $N(M) \in \mathbb{N}$ existiert, so dass $a_n \geq M$ ($a_n \leq M$) für alle $n \geq N(M)$.
In Zeichen schreibt man für eine bestimmt divergente Folge

$$\lim_{n\to\infty} a_n = \infty \quad \left(\lim_{n\to\infty} a_n = -\infty\right).$$

Satz 4.1.1. ***Elementare Grenzwertsätze***
Seien $(a_n)_{n\in\mathbb{N}}$ und $(b_n)_{n\in\mathbb{N}}$ konvergente Folgen mit

$$\lim_{n\to\infty} a_n = a \quad und \quad \lim_{n\to\infty} b_n = b.$$

Dann gilt:

1. $$\lim_{n\to\infty} (a_n + b_n) = a + b$$

2. $$\lim_{n\to\infty} (a_n \cdot b_n) = a \cdot b$$

3. *falls ein $n_0 \in \mathbb{N}$ existiert, so dass $b_n \neq 0$ für alle $n > n_0$ und $b \neq 0$, so folgt*
$$\lim_{n\to\infty} \left(\frac{a_n}{b_n}\right) = \frac{a}{b},$$

4. $$\lim_{n\to\infty} (a_n)^\xi = a^\xi\,,\ \xi \in \mathbb{R}\,,\ (a \in \mathbb{R}^+)$$
(Bei dieser Grenzwertbildung muss man fordern, dass sowohl ab einem $n_0 \in \mathbb{N}$ alle a_n ($n \geq n_0$), als auch a aus dem Definitionsbereich der jeweiligen Potenz sind.)

5. *Gilt zusätzlich $0 \leq a_n \leq b_n$ (für alle $n \in \mathbb{N}$), so folgt $0 \leq a \leq b$. Insbesondere, ist $(b_n)_{n\in\mathbb{N}}$ eine Nullfolge, d. h. $\lim_{n\to\infty} b_n = 0$, dann auch $(a_n)_{n\in\mathbb{N}}$.*

Definition 4.1.6. *(Beschränkte Folge)*
Eine Folge $(a_n)_{n\in\mathbb{N}}$ heißt beschränkt, wenn die Menge $\{a_n;\, n \in \mathbb{N}\} \subset \mathbb{R}$ beschränkt ist.

Satz 4.1.2.
Jede konvergente Folge ist beschränkt.

Was ist mit der Umkehrung, d. h. gilt: Jede beschränkte Folge ist konvergent? Antwort: Nein, siehe Beispiel 3 der alternierenden Folge!

Beispiele 4.1.4. *Berechnung von Grenzwerten von Folgen*

1. *Sei*

$$a_n = \frac{37n^5 - 31n^4 + 8n}{53n^3 + 39n^4 - 29n^5 + 18}$$

Dann formt man um:

$$\begin{aligned} a_n &= \frac{37n^5 - 31n^4 + 8n}{53n^3 + 39n^4 - 29n^5 + 18} \cdot \frac{\frac{1}{n^5}}{\frac{1}{n^5}} \\ &= \frac{37 - 31\frac{1}{n} + 8\frac{1}{n^4}}{53\frac{1}{n^2} + 39\frac{1}{n} - 29 + 18\frac{1}{n^5}} \\ \overset{\text{mit Satz 4.1.1 3)}}{\Longrightarrow} \lim_{n\to\infty} a_n &= \frac{\lim_{n\to\infty}(37 - 31\frac{1}{n} + 8\frac{1}{n^4})}{\lim_{n\to\infty}(53\frac{1}{n^2} + 39\frac{1}{n} - 29 + 18\frac{1}{n^5})} \\ &= -\frac{37}{29} \end{aligned}$$

2. *Sei*

$$a_n = \sqrt[4]{256 - 31\frac{1}{n^2} + 33\frac{1}{n^4}}$$

$$\begin{aligned} \overset{\text{mit Satz 4.1.1 4)}}{\Longrightarrow} \lim_{n\to\infty} a_n &= \sqrt[4]{\lim_{n\to\infty}(256 - 31\frac{1}{n^2} + 33\frac{1}{n^4})} \\ &= \sqrt[4]{256} \\ &= 4 \end{aligned}$$

Beispiel 4.1.1. *Geometrische Folge*

Für die Konvergenzbestimmung bei einer geometrischen Folge $a_n = a \cdot q^n$, $a \neq 0$, $q > 0$, *sind drei verschiedene Fälle zu untersuchen.*

1.Fall $q > 1 \Rightarrow q^n \to \infty \Rightarrow a_n \to \infty$ (*falls* $a > 0$) *bzw.* $a_n \to -\infty$ (*falls* $a < 0$)

2.Fall $q = 1$

$$\Rightarrow \lim_{n\to\infty} a_n = a$$

3.Fall $0 < q < 1$

$$\begin{aligned}
\textit{Behauptung} &: \quad \lim_{n\to\infty} a_n = 0 \\
\textit{Beweis} &: \quad \textit{Es genügt zu zeigen, dass } \lim_{n\to\infty} q^n = 0 \\
0 < q &\Rightarrow \quad 0 < \underbrace{q^n}_{a_n} \\
\Rightarrow \quad 0 &< \frac{1}{\left(1 + \left(\frac{1}{q} - 1\right)\right)^n} ; \quad \textit{mit } \frac{1}{q} - 1 > 0 \\
&\leq \underbrace{\frac{1}{1 + n\left(\frac{1}{q} - 1\right)}}_{b_n} \quad \textit{Bernoulli Ungleichung} \\
&\overset{n\to\infty}{\to} 0
\end{aligned}$$

4.Fall $q < 0$: *divergent für* $|q| \geq 1$ *und konvergent für* $0 < |q| < 1$, *mit* $a_n \overset{n\to\infty}{\to} 0$.

Eine besondere Eigenschaft von Folgen ist die der Monotonie. Die monotonen Folgen bilden eine Unterklasse aller Folgen, mit der man auch anschaulich die Konvergenz charakterisieren kann. Wir definieren die Monotonie zusammen mit den Begriffen der Positivität und der Negativität von Folgen.

Definition 4.1.7. *(Monotonie, positive und negative Folgen)*

1. *Eine Folge* $(a_n)_{n\in\mathbb{N}}$ *heißt monoton wachsend (fallend), wenn*

$$\forall\, n \in \mathbb{N}: \; a_{n+1} \geq a_n \,(a_{n+1} \leq a_n)$$

.

2. *Eine Folge* $(a_n)_{n\in\mathbb{N}}$ *heißt streng monoton wachsend (fallend), wenn*
$$\forall n \in \mathbb{N}: \; a_{n+1} > a_n \;\; (a_{n+1} < a_n).$$

3. *Eine Folge* $(a_n)_{n\in\mathbb{N}}$ *heißt positiv (negativ), wenn*
$$\forall n \in \mathbb{N}: \; a_n > 0 \;\; (a_n < 0).$$

Es gibt nun zwei weitere wichtige Begriffe, die sich im 19.Jh. herausgebildet haben und sich mit Hilfe der Monotonie von Folgen formulieren lassen, den des *Häufungspunktes* und den der *Teilfolge* .
Sie spielen vor allem bei der Betrachtung von Teilmengen in $\mathbb{R}$ (oder allgemeiner in $\mathbb{R}^n$) eine wichtige Rolle.

Definition 4.1.8. *(Häufungspunkt)*

1. *Man sagt, ein Punkt* $a \in \mathbb{R}$ *ist ein Häufungspunkt der Folge* $(a_n)_{n\in\mathbb{N}}$, *wenn es zu jedem* $N \in \mathbb{N}$ *und* $\epsilon > 0$ *im Intervall* $]a-\epsilon, a+\epsilon[$ *mindestens ein* $n_0 \geq N$ *gibt mit* $a_{n_0} \in]a-\epsilon, a+\epsilon[$.

2. *Man sagt* $(a_{n_k})_{k\in\mathbb{N}}$ *ist eine Teilfolge der Folge* $(a_n)_{n\in\mathbb{N}}$, *wenn es eine streng monotone Abbildung* $\mathbb{N} \ni k \longmapsto n_k \in \mathbb{N}$ *gibt.*

Wir möchten anregen, als Übungsaufgabe die folgende Proposition zu beweisen.

Proposition 4.1.1.
Ist $a \in \mathbb{R}$ *ein Häufungspunkt der Folge* $(a_n)_{n\in\mathbb{N}}$, *so gibt es eine Teilfolge* $(a_{n_k})_{k\in\mathbb{N}}$ *der Folge* $(a_n)_{n\in\mathbb{N}}$ *mit* $\lim_{k\to\infty} a_{n_k} = a$.

Diese Betrachtung des Häufungspunktes als Grenzwert einer Teilfolge ist der Ausgangspunkt für einen zentralen Satz in der Analysis, dem Satz von Bolzano-Weierstrass.

Satz 4.1.3. *(Bolzano-Weierstrass)* [1]
Jede beschränkte Folge besitzt einen Häufungspunkt.

[1] Karl Theodor Wilhelm Weierstrass (1815-1897) ist einer der Begründer der modernen Analysis. Zunächst in Ostpreußen Gymnasiallehrer, dann ab 1856 Dozent am Gewerbeinstitut in Charlottenburg, der heutigen TU Berlin, gleichzeitig Extraordinarius der heutigen Humboldt-Universität (damals Friedrich-Wilhelm-Universität) und schließlich Ordinarius an der Universität Berlin erreichte mit ihm die Mathematik in Berlin einen ihrer Höhepunkte. Viele der heutigen Darstellungsweisen und Ergebnisse in der Analysis stammen von ihm.
Berhard Bolzano (1781-1848) war von 1805 bis 1819 in Prag Religionsprofessor und wurde aufgrund der Metternichschen Demagogenverfolgung entlassen. Danach lebte er zurückgezogen auf seinem Landgut und beschäftigte sich mit Fragen der Logik. Seine Ergebnisse in der Mathematik waren für die damalige Zeit bahnbrechend.

Es sei angemerkt, dass der Satz Bolzano-Weierstrass stark auf dem Vollständigkeitsaxiom der reellen Zahlen beruht und in seiner Gültigkeit deutlich universeller ist, als nur für reelle Zahlenfolgen.
Er ist zu Beispiel auch für alle Dimensionen, d. h. im $\mathbb{R}^n$, gültig, wobei man den Folgenbegriff in natürlicher Weise auf Vektoren, als Elemente des $\mathbb{R}^n$ verallgemeinert.

Sätze, wie der von Bolzano-Weierstrass, werden in der Anwendung oft für Abschätzungen bei bislang ungelösten Problemen eingesetzt. Ebenso auch der nun folgende Satz, mit dessen Hilfe sich die Konvergenz einer Folge nachweisen lassen kann, ohne einen Grenzwert direkt berechnen zu müssen.

Satz 4.1.4.
Jede beschränkte und monotone Folge ist konvergent.

Zu der Klasse der hilfreichen Sätze für Folgen gehört auch der nun folgende, welcher zugleich eine einfache Anwendung des Begriffs „Supremum“ enthält.

Bemerkungen 4.1.2.

1. *Sei $(a_n)_{n\in\mathbb{N}}$ monoton wachsend und beschränkt, so folgt sofort*

$$\overset{\text{Satz 4.1.4}}{\Rightarrow} \lim_{n\to\infty} a_n = a = \sup\{a_n; n \in \mathbb{N}\}$$

2. *Betrachten wir eine beschränkte Folge $(a_n)_{n\in\mathbb{N}}$. Dann können wir für jedes $n \in \mathbb{N}$ die neue Folge*

$$b_n = \sup\{a_k;\ k \geq n\}$$

definieren. Da mit wachsendem „n“ die Folge (b_n) fällt (die Menge über die das Supremum gebildet wird, wird kleiner) und wegen der Beschränkheit von (a_n) auch (b_n) beschränkt ist, konvergiert nach dem Satz 4.1.4 die Folge (b_n). Deshalb kann man für beschränkte Folgen immer den Grenzwert

$$\limsup_{n\to\infty} a_n = \lim_{n\to\infty} \sup\{a_k;\ k \geq n\} = \lim_{n\infty} b_n \tag{4.1}$$

definieren und nennt ihn den Limessuperior der Folge $(a_N)_{n\in\mathbb{N}}$. Entsprechend definiert man

$$\liminf_{n\to\infty} a_n = \lim_{n\to\infty} \inf\{a_k;\ k \geq n\} \tag{4.2}$$

und nennt ihn den Limesinferior der Folge $(a_n)_{n\in\mathbb{N}}$.

Das richtige Einsetzen dieser „hilfreichen“ Sätze ist sicherlich Übungssache und so werden wir in den Übungen dazu einige Möglichkeiten geben.

Hier nun aber erst einmal ein paar Beispiele zur Anwendung der „hilfreichen“ Sätze

Beispiele 4.1.5.

1. *Eine Folge, die man sicher kennen sollte ist*

$$a_n = \left(1 + \frac{1}{n}\right)^n$$

Es gilt:

(a) *(a_n) ist monoton wachsend, denn mittels Bernoulli-Ungleichung Satz 3.4.4 folgt:*

$$\begin{aligned}
\frac{a_{n+1}}{a_n} &= \left(1 + \frac{1}{n+1}\right) \cdot \left(\frac{1 + \frac{1}{n+1}}{1 + \frac{1}{n}}\right)^n \\
&= \left(1 + \frac{1}{n+1}\right) \cdot \left(1 - \frac{1}{n^2 + 2n + 1}\right)^n \\
&\geq \left(1 + \frac{1}{n+1}\right) \cdot \left(1 - \frac{n}{n^2 + 2n + 1}\right) \\
&= \frac{n+2}{n+1} \cdot \frac{n^2 + n + 1}{n^2 + 2n + 1} \\
&= \frac{n^3 + 3n^2 + 3n + 2}{n^3 + 3n^2 + 3n + 1} > 1
\end{aligned}$$

(b) *(a_n) ist durch 4 nach oben beschränkt, denn nach a) gilt wieder mit der Bernoulli-Ungleichung Satz 3.4.4:*

$$\begin{aligned}
a_n &< a_{2n} = \left(1 + \frac{1}{2n}\right)^{2n} = \frac{1}{\left(1 - \frac{1}{2n+1}\right)^{2n}} \\
&\leq \frac{1}{\left(1 - \frac{n}{2n+1}\right)^2} = \left(\frac{2n+1}{n+1}\right)^2 \leq 4
\end{aligned}$$

Damit gilt aber
$\overset{Satz\ 4.1.4}{\Rightarrow}$ *es existiert ein Grenzwert. Dieser wird als Eulersche Zahl definiert*

$$e = \lim_{n\to\infty}\left(1+\frac{1}{n}\right)^n \approx 2,718281828459\ldots$$

2. *Für die rekursiv definierte Folge*

$$a_1 := \frac{3}{2}\,, \quad a_{n+1} = \frac{a_n}{2} + \frac{1}{a_n}$$

$$\text{z. B. } a_2 = \frac{3}{4+\frac{2}{3}} = \frac{9+8}{12} = \frac{17}{12}$$

gilt:

(a) (a_n) *ist beschränkt (siehe Übungen)*

(b) (a_n) *ist monoton fallend (siehe Übungen)*

und damit $\overset{Satz\ 4.1.4}{\Rightarrow}$ *es existiert ein Grenzwert.*

$$\begin{aligned}
a &= \lim_{n\to\infty} a_{n+1} \\
&= \frac{\lim_{n\to\infty} a_n}{2} + \frac{1}{\lim_{n\to\infty} a_n} \\
\Rightarrow \quad a &= \frac{a}{2} + \frac{1}{a} \\
\Rightarrow \quad \frac{a}{2} &= \frac{1}{a} \\
\Rightarrow \quad a^2 &= 2 \\
\Rightarrow \quad a &= \sqrt{2}
\end{aligned}$$

Beispiele 4.1.6. ***Wichtige Grenzwerte***
Die folgenden elementaren Grenzwerte gehören zu den Standardvokabeln im mathematischen Arbeiten [2]*:*

1.
$$\lim_{n\to\infty} \frac{1}{n^s} = 0\,,\ \forall\, s \in \mathbb{Q}^+$$

2.
$$\lim_{n\to\infty} \sqrt[n]{n} = 1$$

3.
$$\lim_{n\to\infty} \sqrt[n]{s} = 1\,,\ \forall\, s \in \mathbb{R}^+$$

4.
$$\lim_{n\to\infty} \frac{n!}{n^n} = 0\,, \quad \textit{mit } n! = 1\cdot 2\cdot\ldots\cdot(n-1)\cdot n \ \textit{(gesprochen „n-Fakultät“)}$$

5.
$$\lim_{n\to\infty} \frac{n^m}{s^n} = 0\,,\ \textit{für alle }\ s \in \mathbb{R}\,,\ |s| > 1,\ \textit{und } m \in \mathbb{N}$$

6. *Für Grenzwerte in denen $n!$ für große n auftritt, ist oft zur Berechnung der Grenzwerte $n!$ durch die Näherung von Stirling abschätzbar:*

$$\textit{Für große } n:\ n! \approx \sqrt{2\pi n}\left(\frac{n}{e}\right)^n \quad \textit{d. h.} \quad \lim_{n\to\infty} \frac{1}{n!}\sqrt{2\pi n}\left(\frac{n}{e}\right)^n = 1$$

Definition 4.1.9. *(Cauchy-Folge)*[3]
Eine Folge $(a_n)_{n\in\mathbb{N}}$ nennen wir Cauchy-Folge, wenn es zu jedem $\epsilon > 0$ ein $N(\epsilon) \in \mathbb{N}$ existiert, so dass $|a_m - a_n| < \epsilon$ für alle $m, n \geq N(\epsilon)$.

---

[2] Insbesondere den Grenzwert $\lim_{n\to\infty} \sqrt[n]{n} = 1$ werden wir zu einem späteren Zeitpunkt noch beweisen.

[3] Augustin-Louis Cauchy (1789-1857) eignete sich als gelernter Ingenieur im Selbststudium den damaligen Wissenstand der Mathematik an. Aufgrund seiner mathematischen Arbeiten wurde er 1816 in die Französische Akademie aufgenommen. Im Jahr der Julirevolution 1830 musste Cauchy wegen seiner Treue zum damaligen König Charles X Frankreich verlassen, konnte aber 1838 wieder nach Paris zuückkehren. Cauchys Gesamtwerk umfasst fast 600 zum Teil bahnbrechende Publikationen. Seine Hauptarbeitsgebiete beinhalten unter anderem Analysis, Mechanik, Physik und Himmelsmechanik.

Bemerkungen 4.1.3.

1. *Man sagt auch, dass die Folgeglieder einer Cauchy-Folge beliebig nahe beieinander liegen.*

2. *Jede konvergente Folge ist damit zugleich eine Cauchy-Folge.*

Beispiel 4.1.2.

$$a_1 = \frac{3}{2}, \; a_{n+1} = \frac{a_n}{2} + \frac{1}{a_n}$$

Wir wissen:

$$\lim_{n\to\infty} a_n = \sqrt{2}.$$

Nun gilt: Jede konvergente Folge ist eine Cauchy-Folge. Aber die hier gegebene Folge konvergiert nicht in $\mathbb{Q}$, da $\sqrt{2} \notin \mathbb{Q}$. Ihre Folgeglieder liegen aber dennoch beliebig nahe beieinander in $\mathbb{Q}$.

Satz 4.1.5. *Jede Cauchy-Folge konvergiert in $\mathbb{R}$. Also ist eine Folge reeller Zahlen (a_n) genau dann konvergent, wenn sie eine Cauchy-Folge ist.*

Wir führen in einer abschließenden Proposition noch einige weitere nützliche Eigenschaften für konvergente Folgen an.

Proposition 4.1.2.

1) *Ist die Folge $(a_n)_{n\in\mathbb{N}}$ gegen ein $a \neq 0$ konvergent, so gilt*

$$\lim_{n\to\infty} \frac{a_{n+1}}{a_n} = 1$$

2) *Ist $(a_n)_{n\in\mathbb{N}}$ eine Nullfolge, so auch*

$$b_n = \frac{a_1 + a_2 + a_3 + \ldots + a_n}{n}$$

3) *Für eine Folge $(a_n)_{n\in\mathbb{N}}$ gelte $\lim_{n\to\infty} a_n = a$, dann folgt*

$$\lim_{n\to\infty} \frac{a_1 + a_2 + \ldots + a_n}{n} = a$$

Außerdem gilt:

$$\textit{Hat man } \lim_{n\to\infty} (b_{n+1} - b_n) = a, \textit{ so folgt } \lim_{n\to\infty} \frac{b_n}{n} = a$$

4.1.1 Kurzaufgaben zum Verständnis

1. (a) Sei (a_n) eine Folge mit $\lim_{n\to\infty} a_n = +\infty$. Dann ist

$$\lim_{n\to\infty} \frac{1}{a_n} = 0$$

□ wahr □ falsch

(b) Sei (a_n) eine Folge mit $\lim_{n\to\infty} a_n = 0$. Dann ist

$$\lim_{n\to\infty} \frac{1}{a_n} = +\infty$$

□ wahr □ falsch

(c) Seien (a_n) und (b_n) Folgen mit $\lim_{n\to\infty} a_n = \lim_{n\to\infty} b_n = 0$. Dann ist

$$\lim_{n\to\infty} \frac{a_n}{b_n} = 0$$

□ wahr □ falsch

2. Seien (a_n) und (b_n) divergente Folgen. Dann gilt:

□ $(a_n + b_n)$ sind divergent

□ die Folge $(\frac{1}{a_n})$ ist konvergent

□ die Folge (a_n) kann beschränkt sein

3. Eine Folge $(a_n)_{n\in\mathbb{N}_0}$ sei definiert gemäß $a_n = \frac{5\cdot 4^{n+1}}{3^{2n}}$. Dann ist $(a_n)_{n\in\mathbb{N}_0}$ eine geometrische Folge.

□ wahr □ falsch

4. Sei

$$a_n = \frac{2n^3 - 3(-1)^n n^2 + 4n - 5}{3n^4 - 2n^2 + 3n}, \quad n \in \mathbb{N}.$$

Dann ist der Grenzwert, $\lim_{n\to\infty} a_n$, dieser Folge:

□ nicht existent □ ∞ □ 0

5. Welchen Grenzwert besitzt die Folge $a_n = \left(1 + \frac{1}{n+1}\right)^{n-1}$?

□ e □ ∞ □ 0

4.1.2 Übungen

Lösungsvideos zu den Übungen können auf www.lsgn24h.de über die Eingabe des Lösungscodes abgerufen werden.

Kl A:

1. Wogegen konvergieren die Folgen

   (a) $(2.9, 2.99, 2.999, \ldots)$

   (b) $(1.65, 1.665, 1.6665, 1.66665, \ldots)$

   (c) $(0.19, 0.119, 0.1119, \ldots)$?

(Lösungscode: SB01FL0A001)

2. Welche Folgen sind konvergent, welche bestimmt divergent? Bestimmen Sie falls möglich die Grenzwerte.

   (a)
$$\lim_{n\to\infty} \frac{80 \cdot 100n^4 - 40}{n^5 + 1}.$$
(Lösungscode:SB01FL0A002)

   (b)
$$\lim_{n\to\infty} \frac{10^{-20} \cdot 10^{-4n}}{10^{-8n}}.$$
(Lösungscode: SB01FL0A003)

   (c)
$$\lim_{n\to\infty} \frac{(-1)^n(18 - 26 \cdot 100n^5)}{n^5 + 3}.$$
(Lösungscode: SB01FL0A004)

3. Bestimmen Sie, wenn möglich, jeweils den Grenzwert der angegebenen Zahlenfolge

   (a)
$$a_n = \frac{\sqrt{6\pi n}}{n}$$
(Lösungscode: SB01FL0A005)

(b)

$$b_n = \frac{n!}{6-(n+5)}$$

(Lösungscode: SB01FL0A006)

(c)

$$c_n = \left(1 - \frac{1}{5n}\right)^n$$

(Lösungscode: SB01FL0A007)

(d)

$$d_n = \sqrt{\frac{n^2-n+1}{n^3-6n^2-2}}$$

(Lösungscode: SB01FL0A008)

(e)

$$e_n = \left(\frac{1}{6} - \frac{1}{6n}\right)^n$$

(Lösungscode: SB01FL0A009)

Kl B:

1. Zwei Liter einer 7% igen Kochsalzlösung wird ein Liter destilliertes Wasser zugesetzt. Von dieser Mischung wird ein Liter abgefüllt. Mit der neu entstandenen Lösung wird in gleicher Weise verfahren. Wie oft muss man den geschilderte Mischungsvorgang wiederholen, damit eine Lösung mit weniger als 0.002% Salzgehalt entsteht?

   (Lösungscode:SB01FL0B001)

2. Eine exponentiell wachsende Folge $(a_n)_{n\in\mathbb{N}_0}$ sei definiert durch

   $$a_n = b + c(1+d)^n \quad \text{mit } b, c, d > 0$$

   Weiter definiere man rekursiv

   $$w_n = \frac{a_{n+1} - a_n}{a_n}$$

   (a) Stellen Sie die Folge $(w_n)_{n\in\mathbb{N}_0}$ explizit dar.

   (Lösungscode:SB01FL0B002)

(b) Zeigen Sie, dass die Folge $(w_n)_{n\in\mathbb{N}_0}$ monoton wachsend ist.

(Lösungscode:SB01FL0B003)

Kl C:

1. Beweisen Sie Proposition 4.1.1:
   Ist $a \in \mathbb{R}$ ein Häufungspunkt der Folge $(a_n)_{n\in\mathbb{N}}$, so gibt es eine Teilfolge $(a_{n_k})_{k\in\mathbb{N}}$ der Folge $(a_n)_{n\in\mathbb{N}}$ mit

$$\lim_{k\to\infty} a_{n_k} = a$$

.

(Lösungscode:SB01FL0C001)

2. Gegeben ist eine Folge $(a_n)_{n\in\mathbb{N}}$ rekursiv durch

$$a_1 = 2, a_{n+1} = \frac{1}{2}a_n + \frac{1}{a_n}.$$

   Zeigen Sie mittels vollständiger Induktion, dass

$$1 < a_n \leq 2,\ a_n^2 \geq 2,\quad \text{und } (a_n)_{n\in\mathbb{N}} \text{ monoton fallend ist.}$$

(Lösungscode: SB01FL0C002)

3. Weisen Sie in der Proposition (4.1.2) 1) nach:
   Ist die Folge $(a_n)_{n\in\mathbb{N}}$ gegen ein $a \neq 0$ konvergent, so gilt

$$\lim_{n\to\infty} \frac{a_{n+1}}{a_n} = 1$$

(Lösungscode: SB01FL0C003)

4. Betrachten Sie die rekursiv definierte Folge (a_n) gemäß

$$a_{n+1} = \frac{1}{2}a_n + \frac{1}{3},\ n \in \mathbb{N}_0,\ a_0 = 2.$$

   (a) Zeigen Sie, dass $a_n \in [0, 2]$ für alle $n \in \mathbb{N}_0$.

(Lösungscode: SB01FL0C004)

(b) Beweisen Sie, dass die Folge monoton ist und bestimmen Sie den Grenzwert.

(Lösungscode: SB01FL0C005)

(c) Wie muss man a_0 wählen, damit die Folge konstant ist?

(Lösungscode: SB01FL0C006)

(d) Wie sieht die Monotonie in Ahängigkeit von a_0 aus?

(Lösungscode: SB01FL0C007)

Kl D:

1. Beweisen Sie Satz 4.1.3:
Jede beschränkte Folge besitzt einen Häufungspunkt.

(Lösungscode: SB01FL0D001)

2. Beweisen Sie 2) in der Proposition (4.1.2):
Ist $(a_n)_{n\in\mathbb{N}}$ eine Nullfolge, so auch

$$b_n = \frac{a_1 + a_2 + a_3 + \ldots + a_n}{n}$$

Kann die Folge $(b_n)_{n\in\mathbb{N}}$ konvergieren, wenn $(a_n)_{n\in\mathbb{N}}$ divergent ist?

(Lösungscode: SB01FL0D002)

3. Zeigen Sie, die Folge $b_n = \left(1 + \frac{x}{n}\right)^n$ ist für alle $x \in \mathbb{R}$ konvergent und es gilt

$$\lim_{n\to\infty} b_n = e^x$$

(Lösungscode: SB01FL0D003)

4. Es seien $a > 0$ und $a_1 > 0$. Zu festem $k \in \mathbb{N}$ sei die rekursiv definierte Folge

$$a_{n+1} = \frac{1}{k}\left((k-1)a_n + \frac{a}{a_n^{k-1}}\right).$$

(a) Zeigen Sie mittels der Bernoulli-Ungleichung, dass für alle $n \in \mathbb{N}$

$$a_{n+1}^k \geq a$$

gilt.

(Lösungscode: SB01FL0D004)

(b) Zeigen Sie zudem, dass für $n \geq 2$ gilt

$$a_{n+1} - a_n < 0$$

(Lösungscode: SB01FL0D005)

(c) Weisen Sie nach, dass die Folge konvergiert und berechnen Sie den Grenzwert.

(Lösungscode: SB01FL0D006)

4.2 Kombinatorik

In diesem Abschnitt kehren wir im Wesentlichen zu den endlichen Mengen zurück und untersuchen Fragen, auf welche Weise man Mengen anordnen, Teilmengen auswählen und Mengen wieder neu bilden kann. Dabei steht die Anzahl dieser Möglichkeiten im Mittelpunkt unseres Interesses.
In der Wahrscheinlichkeitsrechnung bildet die Kombinatorik die Grundlage für die Bestimmung der Wahrscheinlichkeit von Ereignissen und damit ist die Kombinatorik z. B. ebenso verknüpft mit der Wahrscheinlichkeitsberechnung bei Glücksspielen, wie auch mit der Bestimmung der Häufigkeiten von Fehlern bei Sortiermaschinen.
Da dieses Werk sich mit dem Basiswissen zur Ingenieurmathematik beschäftigt, beschränken wir uns hier nur auf zwei fundamentale Begriffe der Kombinatorik, der Permutation und der Kombination und die daraus abgeleiteten Konzepte. Wir beginnen mit der Definition der *Permutation.*

Definition 4.2.1. *Permutation*
Sei $M = \{a_1, \ldots, a_n\}$. *Eine Anordnung* $= (a_3, a_1, a_2, \ldots, a_n)$ *nennt man Permutation der Menge* M.

Wir wollen die Elemente von M in ein „$n-$Tupel" $(a_1, \ldots a_n)$ anordnen. Die zentrale Frage ist, wie viele verschiedene n-Tupel, wie viele Permutationen, man auf diese Weise erstellen kann. Es kommt folglich auf die Reihenfolge an.

Beispiele 4.2.1.

1. $M = \{a_1, a_2\}: \quad (a_1, a_2),\ (a_2, a_1)$
   $\Rightarrow$ *2 Möglichkeiten* $\equiv 1 \cdot 2$

2. $M = \{a_1, a_2, a_3\}:$

$$\begin{array}{lll} (a_1, a_2, a_3), & (a_1, a_3, a_2), & (a_2, a_1, a_3) \\ (a_2, a_3, a_1), & (a_3, a_2, a_1), & (a_3, a_1, a_2) \end{array}$$

   $\Rightarrow$ *6 Möglichkeiten* $\equiv 1 \cdot 2 \cdot 3$

3. *Allgemein:* $M = \{a_1, ..., a_n\}:$

$$(a_1, a_2, ..., a_n),\ (a_2, a_1, ..., a_n), \ldots$$

   $\Rightarrow$ *es gibt* $1 \cdot 2 \cdot 3 \cdot \ldots \cdot (n-1) \cdot n = n!$ *Möglichkeiten.*

4. *Auf wie viele Arten lassen sich n verschiedene Elemente auf n unterscheidbare Plätze anordnen?*
Für den ersten Platz stehen n Elemente zur Auswahl. Ist der erste Platz bereits vergeben, so verbleiben für den zweiten Platz noch $(n-1)$ *Elemente zur Auswahl, für den dritten Platz, nach Vergabe des ersten und zweiten Platzes, noch* $(n-2)$ *Elemente usw., bis für die Besetzung des letzten Platzes nur noch ein Element zur Verfügung steht.*
Die Gesamtzahl aller Möglichkeiten ergibt sich durch die Fakultät, aus dem Produkt der pro Platz zur Wahl stehenden Elemente:

$$1 \cdot 2 \cdot \ldots \cdot (n-1) \cdot n = n!$$

Damit existieren für die Elemente der Menge $M = \{a_1, \ldots, a_n\}$ genau $n!$ Permutationen.
Wir verbleiben bei der Frage, wie groß die Anzahl von Möglichkeiten ist und fragen, wie viele Teilmengen einer gegebenen Mächtigkeit sich aus einer gegebenen Menge $M = \{a_1, \ldots, a_n\}$ auswählen lassen. Beginnen wir mit ein paar Beispielen.

Beispiel 4.2.1.
Wie viele Möglichkeiten gibt es beim Ziehen von „6 aus 49" unterscheidbaren Objekten?
Die Problemstellung ist äquivalent zu

- *Problem (speziell):*
  Wie viele 6-elementige Teilmengen gibt es in einer Menge mit 49 Elementen?

- *Problem (allgemein):*
  Wie viele k-elementige Teilmengen hat eine n-elementige Menge?

Wir wollen die Frage schrittweise beantworten und betrachten die Situation an einem Beispiel:

Sei $M = \{a_1, a_2, a_3\}$; wie viele 2-elementige Teilmengen von M gibt es?
Es gibt die folgenden Permutationen (a_1, a_2), (a_2, a_3), (a_1, a_3) und (a_2, a_1), (a_3, a_2), (a_3, a_1). Da für Teilmengen gilt: $\{a_1, a_2\} = \{a_2, a_1\}$ verbleiben 3 Möglichkeiten Teilmengen zu bilden.

Auf dem Weg zu einer Verallgemeinerung folgen wir der Idee:

Die Anzahl 2-elementiger Teilmengen von $\{a_1, a_2, a_3\}$ erhält man wie folgt:
Verteilt man die drei Elemente a_1, a_2, a_3 auf zwei Plätze, so ergeben sich für den ersten Platz drei Möglichkeiten, nach dessen Besetzung für den zweiten Platz noch zwei und für den dritten Platz eine, also insgesamt $3 \cdot 2 = 3!$ Permutationen.
Da die Reihenfolge der Platzbesetzungen irrelevant sein soll, muss die Gesamtzahl der Permutationen noch durch die Anzahl der Permutation dividiert werden, die durch die Verteilung der zwei Elemente einer jeden Teilmenge auf die zwei Plätze entstehen, also durch 2!.
Damit ergibt sich für die Anzahl der 2-elementigen Teilmengen von M:

$$\frac{3!}{2!} = \frac{3!}{2! \cdot (3-2)!}$$

Der zusätzlich eingefügte Faktor $(3-2)!$ im Nenner ist hier unerheblich wegen $1! = 1$, dient aber der Vorbereitung des allgemeinen Falls.

Was gilt im allgemeinen Fall
$M = \{a_1, \ldots, a_n\} = \{a_1, \ldots, a_k, a_{k+1}, \ldots, a_n\}$?
Die Anzahl der Möglichkeiten, k Plätze durch die Auswahl von k aus n Elementen zu belegen, ist gegeben durch :

$$n \cdot (n-1) \cdot (n-2) \cdot \ldots (n-(k-1)) = n \cdot (n-1) \cdot (n-2) \cdot \ldots (n-k+1) = \frac{n!}{(n-k)!}$$

(mit der Festsetzung: $0! = 1$)
Dividiert man die Anzahl aller Permutationen, in denen die n Elemente auf k Plätze verteilt werden, noch durch die Anzahl der $k!$ Permutationen, der Besetzungen der k Plätze, so ergibt sich die Gesamtzahl aller Möglichkeiten eine k-elementige Teilmenge aus einer n-elementigen auszuwählen:

$$\frac{n!}{k! \cdot (n-k)!}.$$

Jetzt haben wir eine allgemeine Formulierung zur Berechnung der Anzahl der Auswahlmöglichkeiten von k-elementigen Teilmengen aus einer Menge M der Mächtigkeit $n \geq k$ und damit die Basis zur Beantwortung unserer Frage aus Beispiel 4.2.1.

Beispiel 4.2.2. ***Lotto***
Wie viele Kombinationen gibt es für „6 aus 49"?
Es gibt

$$\frac{49!}{6! \cdot 43!} = \frac{44 \cdot 45 \cdot 46 \cdot 47 \cdot 48 \cdot 49}{6!} = 13.983.816$$

Kombinationen.

Definition 4.2.2. *(Binomialkoeffizienten)*
Für $n \in \mathbb{N}_0$ und $k \in \mathbb{N}_0$, $0 \leq k \leq n$ definiert man die allgemeinen Binomialkoeffizienten

$$\binom{n}{k} = \frac{n \cdot (n-1) \cdot (n-2) \cdot \ldots \cdot (n-k+1)}{k!}$$

Für $n \in \mathbb{N}$ folgt damit

$$\binom{n}{k} = \frac{n!}{k! \cdot (n-k)!}$$

Bemerkungen 4.2.1.

1. *Die Binomialkoeffizienten werden so genannt wegen ihres Auftretens in der Summendarstellung von Binomen der Art $(x+y)^n$ (siehe Binomischer Lehrsatz 4.2.1).*

2. *Gelesen wird der Binomialkoeffizient $\binom{n}{k}$ „n über k"*

3. *Für Binomialkoeffizienten gilt*

$$\binom{n}{0} = \binom{n}{n} = 1\,, \text{ bzw. } \binom{n}{k} = \binom{n}{n-k}\,, \quad \text{mit } 0 \leq k \leq n$$

4. *Und es gilt weiterhin*

$$\binom{n+1}{k} = \binom{n}{k} + \binom{n}{k-1}$$

5. *Die Werte der Binomialkoeffizienten kann man in der folgenden Dreiecksform angeben.*

Das Pascalsche Dreieck [4]

n							$\binom{n}{k}$						
0							*1*						
1						*1*		*1*					
2					*1*		*2*		*1*				
3				*1*		*3*		*3*		*1*			
4			*1*		*4*		*6*		*4*		*1*		
5		*1*		*5*		*10*		*10*		*5*		*1*	
6	*1*		*6*		*15*		*20*		*15*		*6*		*1*

Mit Kenntnis der Binomialkoeffizienten ist es jetzt möglich, eine Summendarstellung von Binomen der Art $(x+y)^n$ anzugeben.

Satz 4.2.1. ***Binomischer Lehrsatz***
Seien $x, y \in \mathbb{R}$ und $n \in \mathbb{N}$. Dann gilt

$$(x+y)^n = \sum_{k=0}^{n} \binom{n}{k} x^k y^{n-k} .$$

[4]Blaise Pascal (1623-1662) war wie viele seiner Zeitgenossen Universalgelehrter. Sein Hauptgebiete neben der Philosophie und Religionswissenschaften (Jansenismus) waren die Physik und Mathematik. Seine Beiträge neben der Hydrostatik waren zur Wahrscheinlichkeitsrechnung, Infinitesimalrechnung und zur Geometrie (Kegelschnitte, Zykloide). Daneben beschäftigte er sich auch mit dem Bau praktischer Anlagen - so baute er, angeregt von seinem Vater, 50 verschiedene Rechenmaschinen und erhielt 1662 das Patent für die „carosse à cinq sol" - der ersten Omnibuslinie von Paris.

Bemerkungen 4.2.2.
Aus dem Binomischen Lehrsatz folgt

1.
$$\sum_{k=0}^{n} \binom{n}{k} = 2^n$$

(2^n ist die Anzahl der Teilmengen einer n-elementigen Menge.)

2.
$$\sum_{k=0}^{n} (-1)^k \binom{n}{k} = 0$$

Als eine Anwendung des Binomischen Lehrsatzes wollen wir die Bestimmung des Grenzwertes der Folge $a_n = \sqrt[n]{n}$, $n \in \mathbb{N}$ betrachten.

Beispiel 4.2.3.
Existiert der Grenzwert $\lim_{n\to\infty} \sqrt[n]{n}$*?*
Es gilt: $n \geq 1 \Rightarrow \sqrt[n]{n} \geq 1 \Rightarrow$ *Wir schreiben* $\sqrt[n]{n} = 1 + r_n$, $r_n \geq 0$

$$\begin{aligned}
\Rightarrow n &= (1+r_n)^n \\
&= \sum_{k=0}^{n} \underbrace{\binom{n}{k}}_{\geq 0} \underbrace{r_n^k}_{\geq 0} \cdot 1^{n-k} \\
&\geq \binom{n}{2} \cdot r_n^2 = \frac{n\cdot(n-1)}{2} \cdot r_n^2 \\
\Rightarrow n &\geq \frac{n\cdot(n-1)}{2} \cdot r_n^2 \\
\Rightarrow 1 &\geq \frac{(n-1)}{2} \cdot r_n^2 \\
\Leftrightarrow 0 &\leq r_n^2 \leq \frac{2}{(n-1)} \overset{n\to\infty}{\to} 0
\end{aligned}$$

$\Rightarrow (r_n^2)$ *ist Nullfolge* $\Rightarrow (r_n)$ *ist Nullfolge*

$$\Rightarrow \lim_{n\to\infty} \sqrt[n]{n} = 1 \qquad \textit{q.e.d.}$$

4.2.1 Kurzaufgaben zum Verständnis

1. Aus den fünf Ziffern $3, 3, 2, 2, 2$ lassen sich wie viele fünfstellige Zahlen bilden?

   □ 125

   □ 10

   □ 25

2. Zehn Studierende nehmen an einem Schachturnier teil. Wie viele Möglichkeiten gibt es, die ersten drei in der richtigen Reihenfolge vorherzusagen?

   □ 10!

   □ 120

   □ 720

3. Wie viele Möglichkeiten gibt es, aus einem Ausschuss von sechs Mitgliedern einen 1. und 2. Vorsitzenden zu wählen?

   □ 24

   □ 30

   □ 36

4. Wie viele Möglichkeiten gibt es aus 30 Schülern (19 Mädchen und 11 Jungen) eine Abordnung von 3 Schülern, die aus zwei Mädchen und einem Jungen bestehen, zu wählen?

   □ 10

   □ 209

   □ 1881

5. Welche der folgenden Aussagen treffen auf Allesandro Binomi zu?

   □ Er war ein Landsmann Newtons.

   □ Er war der Entdecker des nach ihm benannten binomischen Lehrsatzes.

   □ Er trägt seinen Namen nach den Binomialkoeffizienten.

4.2.2 Übungen

Lösungsvideos zu den Übungen können auf www.lsgn24h.de über die Eingabe des Lösungscodes abgerufen werden.

Kl A:

1. Ist es schwerer für „8 aus 47“ oder für „45 aus 49“ einen Haupttreffer zu erlangen?

   (Lösungscode: SB01KB0A001)

2. Auf einem Tennisplatz erscheinen an einem Nachmittag vier Herren und sechs Damen. Wie viele Spielpaarungen sind möglich, bei denen zwei Damen gegen zwei Herren antreten?

   (Lösungscode: SB01KB0A002)

3. (a) Fünf Herren wollen an einem runden Tisch Platz nehmen. Wie viele Möglichkeiten hinsichtlich verschiedener Nachbarschaften haben sie?

   (Lösungscode: SB01KB0A003)

   (b) Nun kommen drei Damen hinzu. Wie viele Möglichkeiten stehen ihnen offen, wenn sich jeder zwischen zwei Damen niederlassen will?

   (Lösungscode: SB01KB0A004)

   (c) Wie viele Anordnungsmöglickeiten gibt es also für die acht Personen, wenn keine Damen nebeneinander sitzen dürfen?

   (Lösungscode: SB01KB0A005)

4. Wie viele Möglichkeiten gibt es aus 3 verschiedenen Weinsorten 10 Flaschen auszuwählen?

   (Lösungscode: SB01KB0A006)

Kl B:

1. Der Direktwahl zur 1. Sprecherin bzw. zum 1. Sprecher des Fachschaftsrates in der Fakultät einer Fachhochschule stellen sich acht Kandidatinnen und Kandidaten. Der Wahlmodus sah vor, dass jeder der 1000 Wahlberechtigten maximal drei Stimmen (ohne Stimmenhäufung) auf seinem Wahlschein vergeben konnte. Über Anton, Beate und Christine, die die meisten Stimmen auf sich vereinigen konnten, sickerten folgende Informationen durch: 550 Wahlberechtigte stimmten für Anton, davon 100 nur für Anton; 400 Studierende stimmten für Beate, davon 50 ausschließlich für Beate; genau 120 gaben nur Christine ihre Stimme, während 200 für Anton und Beate sowie 300 für Beate und Christine stimmten. Schließlich entschieden sich genau 250 Wahlberechtigte für Anton und Christine.

   (a) Wie viele Wählerinnen und Wähler stimmten gleichzeitig für Anton, Beate und Christine?

   (b) Von wie vielen wurde Christine gewählt?

   (c) Wie viele kreuzten keinen der drei Namen an?

   (Lösungscode: SB01KB0B001)

2. Beweisen Sie die Bemerkungen 4.2.2:

   (a)
$$\sum_{k=0}^{n} \binom{n}{k} = 2^n$$

   (Lösungscode: SB01KB0B002)

   (b)
$$\sum_{k=0}^{n} (-1)^k \binom{n}{k} = 0$$

   (Lösungscode: SB01KB0B003)

3. Wie viele achtstellige natürliche Zahlen gibt es, die genau dreimal die Ziffer 5 und genau zweimal die Ziffer 8 aufweisen?

   (Lösungscode: SB01KB0B004)

4. Ein Bauer kauft vier Schafe, zwei Ziegen und vier Rinder von einem weiteren Bauern, der sechs Schafe, fünf Ziegen und acht Rinder besitzt. Auf wie viele Arten kann er seine Tiere auswählen?

   (Lösungscode: SB01KB0B005)

5. Auf einer Wiese lebt eine Hasenfamilie bestehend aus 12 Hasen. Der Hasenbau hat vier Eingänge.

   (a) Bei Bedrohung ziehen sich die Hasen schnellstmöglich in den Hasenbau zurück. Wie viele Möglichkeiten gibt es für die Hasenfamilie, sich über die Eingänge in den Hasenbau zurückzuziehen?

   (Lösungscode: SB01KB0B006)

   (b) Bereits im Jahre 1202 stellte sich Leonardo von Pisa einem ähnlichen Problem wie bei der folgenden Vermehrung der Hasen „Ein Hasenpaar wirft vom zweiten Monat an in jedem Monat genau ein junges Hasenpaar. Dieses und alle Nachkommen verhalten sich ebenso. Wie viele Hasenpaare sind es nach einem Jahr, wenn kein Hase stirbt oder die Wiese verlässt?“ Betrachten Sie nur das benannte Hasenpaar und dessen Nachkommen.
   (Tipp: Die Folge, welche die Hasenpopulation beschreibt, trägt Leonardos Spitznamen.)

   (Lösungscode: SB01KB0B007)

Kl C:

1. Herr Hansen und seine Frau treffen sich mit drei weiteren Paaren. Beim Zusammenkommen schütteln sich nicht alle die Hand zur Begrüßung. Herr Hansen findet diesen Umstand interessant und erfährt später am Abend, dass jeder, den er gefragt hat, angibt, jeweils einer anderen Anzahl von Personen zur Begrüßung die Hand geschüttelt zu haben.
   Wie vielen Gästen hat die Frau von Herrn Hansen die Hand geschüttelt, wenn man annehmen kann, dass keiner zur Begrüßung seinem Partner/seiner Partnerin, sich selber oder einer anderen Person mehrmals die Hand geschüttelt hat.

   (Lösungscode: SB01KB0C001)

2. Wie viele Möglichkeiten gibt es, mit 20 Aminosäuren ein Peptid aus neun Aminosäuren aufzubauen (aneinanderreihen), wenn
   (a) die Peptidsequenz aus lauter verschiedenen Aminosäuren besteht?
   (b) gleiche Aminosäuren auch mehrmals auftreten können?

(Lösungscode: SB01KB0C002)

3. Beweisen Sie mittels vollständiger Induktion, dass für Binomialkoeffizienten gilt:

$$\binom{n+1}{k} = \binom{n}{k} + \binom{n}{k-1}$$

(Lösungscode: SB01KB0C003)

Kl D:

1. Gegeben seien die Fibonacci-Zahlen $(F_n)_{n\in\mathbb{N}_0}$ definiert durch

$$F_0 = 0,\ F_1 = 1 \text{ und } F_{n+2} = F_{n+1} + F_n,\ n \in \mathbb{N}_0$$

Man setze nun

$$\varphi = \frac{1}{2}(1+\sqrt{5}) \text{ („Goldener Schnitt“) und}$$

$$\overline{\varphi} = \frac{1}{2}(1-\sqrt{5})$$

Beweisen Sie die Formel von Moivre/Binet:

$$F_n = \frac{1}{\sqrt{5}}\left(\varphi^n - \overline{\varphi}^n\right) \text{ für } n \geq 0$$

(Lösungscode: SB01KB0D001)

4.3 Reihen

Mit dem Wissen über Folgen und die Kombinatorik können wir jetzt spezielle Folgen, die sogenannten Reihen, behandeln, welche wie folgt aus einer gegebenen Folge gebildet werden.

Definition 4.3.1.
Gegeben sei eine Folge $(a_n)_{n\in\mathbb{N}}$. Die Folge S_m der Partialsummen ist definiert als

$$S_m = \sum_{n=1}^{m} a_n = a_1 + a_2 + ... + a_m$$

oder für $(a_n)_{n\in\mathbb{N}_0}$:

$$S_m = \sum_{n=0}^{m} a_n$$

Bemerkungen 4.3.1.

1. *Dabei wird $\sum_{n=k}^{m} a_n = 0$ gesetzt, für den Fall $k > m$.*
2. *$(S_m)_{m\in\mathbb{N}}$ ist eine Folge.*
3. *Statt $(S_m)_{m\in\mathbb{N}}$ schreiben wir auch*

$$\sum_{n=1}^{\infty} a_n \quad \text{oder} \quad \sum_{n\in\mathbb{N}} a_n$$

Ist die Folge der Partialsummen erst einmal definiert, lässt sich sofort die Reihe definieren.

Definition 4.3.2. *Sei eine Folge $(a_n)_{n\in\mathbb{N}}$ gegeben. Den Ausdruck*

$$\sum_{n=1}^{\infty} a_n$$

nennen wir die zugehörige Reihe und dieser besitzt zwei Bedeutungen:

1. *Die Folge der Partialsummen $(S_m)_{m\in\mathbb{N}}$ zu $(a_n)_{n\in\mathbb{N}}$ oder*
2. *der Grenzwert der Folge der Partialsummen, falls er existiert.*

Wie wir später noch sehen werden, ist in einer Reihe die Summationsreihenfolge der Folgeglieder im Allgemeinen nicht willkürlich, sondern verbindlich vorgegeben.
Betrachten wir aber zuerst ein paar typische Vertreter von Reihen.

Beispiele 4.3.1.

1. *Die harmonische Reihe*

$$a_n = \frac{1}{n} \Rightarrow \textit{Reihe: } \sum_{n=1}^{\infty} \frac{1}{n} = 1 + \frac{1}{2} + \frac{1}{3} + \frac{1}{4} + ... + \frac{1}{m} + ...$$

2. *Die alternierende harmonische Reihe*

$$a_n = (-1)^{n-1}\frac{1}{n} \Rightarrow \textit{Reihe: } \sum_{n=1}^{\infty} (-1)^{n-1}\frac{1}{n} = 1 - \frac{1}{2} + \frac{1}{3} - \frac{1}{4} + - ...$$

3. *Die geometrische Reihe*

$$\textit{Sei } q \in \mathbb{R}\,,\ a_n = q^n \Rightarrow \textit{Reihe: } \sum_{n=1}^{\infty} q^n = q + q^2 + q^3 + ...$$

4.

$$a_n = (-1)^n \Rightarrow \textit{Reihe: } \sum_{n=1}^{\infty} (-1)^n = -1 + 1 - 1 + 1 - 1 + - ...$$

Es stellt sich natürlich die Frage, ob solche Reihen überhaupt einen endlichen Grenzwert besitzen können. Um dieser Frage nachzugehen, wollen wir erst einmal an einem Beispiel zeigen, dass sich Partialsummen von Reihen manchmal durch einen kompakten Ausdruck ersetzen lassen.

Bemerkung 4.3.1.
Die Folgeglieder S_m der geometrische Reihe lassen sich zusammenfassend berechnen:

$$\begin{array}{rrcl}
 & S_m & := & q + q^2 + q^3 + ... + q^m \quad (1) \\
 & q \cdot S_m & = & q^2 + q^3 + ... + q^m + q^{m+1} \quad (2) \\
(2) - (1): & q \cdot S_m - S_m & = & q^{m+1} - q \\
\Rightarrow & S_m \cdot (q-1) & = & q^{m+1} - q \\
\overset{q \neq 1}{\Rightarrow} & S_m & = & \dfrac{q^{m+1} - q}{q-1} = q \cdot \dfrac{q^m - 1}{q-1}
\end{array}$$

Analog folgt:

$$\sum_{n=0}^{m} q^n = \frac{q^{m+1}-1}{q-1}$$

Beispiel 4.3.1. ***Anwendung der geometrischen Reihe***
Die Partialsumme der geometrischen Reihe findet man z. B. bei der Berechnung des Kontostandes wieder, wenn man n Jahre lang jedes Jahr zu Ende des Jahres (nachschüssig) einen festen Betrag r (die Rate) auf ein Konto einzahlt, welches über die gesamte Laufzeit der Zahlungen mit einem festen Jahreszinssatz i mit Zinseszinsen verzinst wird (Rentenrechnung).
Der erste gezahlte Betrag am Ende des ersten Jahres liefert einen Beitrag zum finalen Kontostand von $r \cdot (1+i)^{n-1}$*, der zweite Betrag liefert einen Beitrag von* $r \cdot (1+i)^{n-2}$ *usw., bis der letzte Betrag ohne Verzinsung am Ende des Laufzeit eingezahlt wird.*
Schreibt man nun noch $q = 1 + i$*, ergibt sich eine finaler Kontostand (Endwert) von*

$$\begin{aligned} E_n^{nach} &= r \cdot (1+i)^{n-1} + r \cdot (1+i)^{n-2} + \ldots + r \cdot (1+i) + r \\ &= r \cdot q^{n-1} + r \cdot q^{n-2} + \ldots + r \cdot q + r \\ &= r \cdot \left(q^{n-1} + q^{n-2} + \ldots + q + 1\right) \\ &= r \cdot \frac{q^n - 1}{q-1} \end{aligned}$$

Um zu überprüfen, ob eine Reihe einen Grenzwert besitzen kann, betrachten wir allgemein die Folge der Partialsummen und stellen die Frage:

Wann konvergiert die Folge der Partialsummen $(S_m)_{m\in\mathbb{N}}$?

Die Folge $(S_m)_{m\in\mathbb{N}}$ konvergiert gegen einen Grenzwert $S \in \mathbb{R}$, wenn für alle $\epsilon > 0$ ein $N \in \mathbb{N}$ existiert mit

$$|S_m - S| < \epsilon \text{ für alle } m \geq N$$

Damit gilt die Konvergenz, nach Satz 4.1.5, genau dann, wenn $(S_m)_{m\in\mathbb{N}}$ eine Cauchy-Folge ist, d. h. für alle $\epsilon > 0$ gibt es $N \in \mathbb{N}$ mit $|S_m - S_k| < \epsilon$ für $m, k \geq N$, $m > k$.
Sei speziell $k = m - 1$ gewählt, so folgt: Für alle $\epsilon > 0$ gibt es $N \in \mathbb{N}$, so dass

$$|S_m - S_{m-1}| = |a_m| < \epsilon \text{ für } m \geq N.$$

$$\text{Also ergibt sich } \lim_{n\to\infty} a_n = 0.$$

Damit erhalten wir unser **erstes Kriterium**, mit dessen Hilfe eine Reihe auf Konvergenz überprüfbar wird.

Ist $(S_m)_{m\in\mathbb{N}} = \sum_{n=1}^{\infty} a_n$ konvergent, so muss $(a_n)_{n\in\mathbb{N}}$ eine Nullfolge sein.

Formal können wir jetzt die Konvergenz einer Reihe notieren:

Definition 4.3.3. *(Konvergenz einer Reihe)*
Eine Reihe $\sum_{n=1}^{\infty} a_n$ (oder $\sum_{n=0}^{\infty} a_n$) konvergiert, wenn die Folge der Partialsummen konvergiert, d. h. es gibt ein $S \in \mathbb{R}$ mit

$$S = \lim_{m\to\infty} S_m.$$

In diesem Fall schreiben wir:

$$S = \sum_{n=1}^{\infty} a_n \quad \left(\textit{oder} \quad S = \sum_{n=0}^{\infty} a_n \right).$$

Korollar 4.3.1.

Es gilt: Sind $(a_n)_{n\in\mathbb{N}}$ und $(b_n)_{n\in\mathbb{N}}$ Folgen und konvergieren die Reihen $A = \sum_{n=1}^{\infty} a_n$ und $B = \sum_{n=1}^{\infty} b_n$, so konvergiert

$$\sum_{n=1}^{\infty} (a_n + b_n) = A + B = \sum_{n=1}^{\infty} a_n + \sum_{n=1}^{\infty} b_n.$$

Dass Reihen tatsächlich konvergieren können, sieht man an dem folgenden Beispiel, bei dem aus dem Umschreiben der Partialsummen ein Ausdruck erzeugt wird, dessen Grenzwert bestimmbar ist.

Beispiel 4.3.2.
Es sei $a_n = \frac{1}{(n-1)\cdot n}$, $n \geq 2$
Gezeigt werden soll, dass die Reihe $\sum_{n=2}^{\infty} a_n$ *konvergiert. Hierzu betrachtet man die Folge der Partialsummen*

$$
\begin{aligned}
\Rightarrow \quad S_m &= \sum_{n=2}^{m} \frac{1}{(n-1)\cdot n} \\
&= \frac{1}{1\cdot 2} + \frac{1}{2\cdot 3} + \frac{1}{3\cdot 4} + \frac{1}{4\cdot 5} + \ldots + \frac{1}{(m-1)\cdot m} \\
&= \sum_{n=2}^{m} \frac{n-(n-1)}{(n-1)\cdot n} = \sum_{n=2}^{m} \left[\frac{n}{(n-1)\cdot n} - \frac{n-1}{(n-1)\cdot n}\right] \\
&= \sum_{n=2}^{m} \left(\frac{1}{n-1} - \frac{1}{n}\right) \\
&= \left(\frac{1}{1} - \frac{1}{2}\right) + \left(\frac{1}{2} - \frac{1}{3}\right) + \ldots + \left(\frac{1}{m-1} - \frac{1}{m}\right) \\
&= 1 - \frac{1}{m} \\
\Rightarrow \quad \lim_{m\to\infty} S_m &= \lim_{m\to\infty} \left(1 - \frac{1}{m}\right) = 1
\end{aligned}
$$

Die Reihe $\sum_{n=2}^{\infty} \frac{1}{(n-1)\cdot n}$ *konvergiert gegen* 1.

Wir haben oben gesehen: Aus der Konvergenz einer Reihe (Existenz des Grenzwertes der Partialsummen) folgt, dass die Folge der Summanden eine Nullfolge bildet. Was ist aber mit der Umkehrung dieser Aussage?

Frage: Gilt: Konvergiert $(S_m)_{m\in\mathbb{N}}$ immer, falls $(a_n)_{n\in\mathbb{N}}$ eine Nullfolge ist?

Nein! Ein Gegenbeispiel ist die harmonische Reihe $\sum_{n=1}^{\infty} \frac{1}{n}$.

Beispiel 4.3.3.
Die Divergenz der harmonischen Reihe:

$$\begin{aligned}\sum_{n=1}^{\infty}\frac{1}{n} &= 1+\frac{1}{2}+\underbrace{\frac{1}{3}+\frac{1}{4}}_{>\frac{1}{2}}+\underbrace{\frac{1}{5}+\frac{1}{6}+\frac{1}{7}+\frac{1}{8}}_{>\frac{1}{2}}\\ &\quad+\underbrace{\frac{1}{9}+\frac{1}{10}+\frac{1}{11}+\frac{1}{12}+\frac{1}{13}+\frac{1}{14}+\frac{1}{15}+\frac{1}{16}}_{>\frac{1}{2}}+\ldots\\ &> 1+\frac{1}{2}+\frac{1}{2}+\frac{1}{2}+\ldots\\ &\to \infty\end{aligned}$$

Die harmonische Reihe ist divergent, obwohl $\lim_{n\to\infty}\frac{1}{n}=0$. [5]

Wir wissen, dass die harmonische Reihe $\sum_{n=1}^{\infty}\frac{1}{n}$ gegen ∞ bestimmt divergiert.

Frage:
Konvergiert die alternierende harmonische Reihe $\sum_{n=1}^{\infty}(-1)^n\cdot\frac{1}{n}$?

Der folgende Satz gibt die Antwort.

Satz 4.3.1. *(Leibniz)* [6]
Ist $(a_n)_{n\in\mathbb{N}}$ *eine monotone Nullfolge, so konvergiert* $\sum_{n=1}^{\infty}(-1)^n\cdot a_n$.

---

[5] Johann Bernoulli (1667-1748), Sohn von Jakob Bernoulli, war es, der die Divergenz der harmonischen Reihe nachwies. Daneben beschäftigte er sich vornehmlich mit der Wahrscheinlichkeitsrechnung. Ihm wird u. a. auch das Gesetz der großen Zahl zugeschrieben, das Poisson später so bezeichnete. Daneben gilt er auch als Begründer der Variationsrechnung und der Integraltheorie der Differenzialgleichungen. Die nach ihm benannte Bernoullische Differenzialgleichung wird noch heute so gelöst, wie er es tat. Grundlegende Techniken für das Lösen partieller Differenzialgleichungen stammen von ihm. Seine Söhne Nikolaus II (1695-1726), Daniel (1700-1782) und Johann II (1710-1790) waren ebenfalls bedeutende Mathematiker. Daniel war, nachdem er seinen Arztberuf aufgegeben hatte, in St. Petersburg tätig und entwickelte ebenfalls Lösungstheorien für Differenzialgleichungen. Daneben beschäftigte er sich als Physiker.

[6] Gottfried Wilhelm Leibniz (1646-1716) war einer der bedeutenden Mathematiker. Allerdings ließe sich das auch auf den Gebieten der Philosophie und Geschichtswissenschaften sagen. Daneben war er noch erfolgreich als Jurist und Diplomat tätig. Um nur ein paar wesentliche Errungenschaften seiner Tätigkeit zu nennen, sei neben der Untersuchung der Reihen insbesondere die Begründung der Infinitesimalrechnung angeführt. Ab 1711 beschäftigte ihn der andauernde Rechtsstreit mit Isaac Newton und der Royal Society of London um die Urheberschaft der Infinitesimalrechnung, wobei hier wohl beide Seiten einen gewissen Grad beanspruchen durften.

Der Satz von Leibniz sagt also aus, dass die alternierende harmonische Reihe $\sum_{n=1}^{\infty}(-1)^n \cdot \frac{1}{n}$ konvergiert.
Im Rahmen der Theorie der Potenzreihen kann zudem der Grenzwert der alternierenden harmonischen Reihe bestimmt werden zu [7]

$$\sum_{n=1}^{\infty} \frac{(-1)^n}{n} = -\ln(2) .$$

Neben der bisher behandelten Konvergenz existiert für Reihen noch ein stärkeres Konvergenzkriterium und zwar das der absoluten Konvergenz:

Definition 4.3.4. *(Absolute Konvergenz)*
Eine Reihe $\sum_{n=1}^{\infty} a_n$ konvergiert absolut, wenn $\sum_{n=1}^{\infty} |a_n|$ konvergent ist. In diesem Fall sagt man auch, die Folge $(a_n)_{n\in\mathbb{N}}$ ist absolut summierbar.

Beispiele 4.3.2.

1. *Sei $-1 < q < 1$. Sei $a_n = q^n$.*

$$S_m = \sum_{n=0}^{m} |q^n| = \sum_{n=0}^{m} |q|^n = \frac{|q|^{m+1} - 1}{|q| - 1}$$

Für $0 \leq |q| < 1$ folgt dann

$$\lim_{m\to\infty} S_m = \frac{-1}{|q| - 1} = \frac{1}{1 - |q|}$$

Also konvergiert die geometrische Reihe $\sum_{n=0}^{\infty} q^n$ für $0 \leq |q| < 1$ absolut.

2. *Nicht jede konvergente Reihe konvergiert auch absolut, denn die Reihe $\sum_{n=1}^{\infty} \frac{(-1)^n}{n}$ konvergiert nach Satz 4.3.1. Aber*

$$\sum_{n=1}^{\infty} \left|(-1)^n \cdot \frac{1}{n}\right| = \sum_{n=1}^{\infty} |(-1)^n| \cdot \left|\frac{1}{n}\right| = \sum_{n=1}^{\infty} \frac{1}{n}$$

ist wegen der harmonischen Reihe nicht konvergent.

[7] In einem weiteren Buch werden wir den Grenzwert der alternierenden harmonischen Reihe im Rahmen der Theorie der Potenzreihen nachrechnen können.

Mit den Definitionen der Konvergenz und der absoluten Konvergenz von Reihen haben wir, einmal abgesehen vom Leibniz-Kriterium, bislang noch keine Kriterien behandelt, mit deren Hilfe man eine Reihe, die über eine Nullfolge gebildet wird, auf deren Konvergenz hin untersuchen kann.
Dies wollen wir jetzt ändern und beginnen mit der Betrachtung eines Vergleichskriteriums zum Überprüfen von Konvergenz und anschließend behandeln wir die zwei sehr praktikabel anwendbaren Kriterien, das Quotienten- und das Wurzelkriterium.
Beginnen wir aber zuerst mit den folgenden Vergleichskriterien:

Satz 4.3.2. ***Das Majorantenkriterium***
*Seien $(a_n)_{n\in\mathbb{N}}$ und $(b_n)_{n\in\mathbb{N}}$ positive Folgen und $a_n \leq b_n$ für alle $n \in \mathbb{N}$.
Dann gilt: Ist die Reihe $\sum_{n=1}^{\infty} b_n$ konvergent, so konvergiert auch $\sum_{n=1}^{\infty} a_n$.
Insbesondere gilt:
Konvergiert die Reihe $\sum_{n=1}^{\infty} b_n$ absolut und gilt $|a_n| \leq |b_n|$, so konvergiert $\sum_{n=1}^{\infty} a_n$ auch absolut.*

Das Majorantenkriterium ist als Vergleichskriterium ein starkes, weil hinreichendes Kriterium, wie man im folgenden Beispiel sehen kann.

Beispiel 4.3.4.
Sei $a_n = \frac{1}{n^2}$ und $b_n = \frac{1}{(n-1)\cdot n}$. Dann gilt für $n \geq 2$:

$$a_n = \frac{1}{n \cdot n} < \frac{1}{(n-1) \cdot n} = b_n.$$

Wegen Beispiel 4.3.2 und dem Majorantenkriterium konvergiert

$$\sum_{n=1}^{\infty} \frac{1}{n^2}.$$

Übrigens konvergieren dann auch die Reihen über $a_n = \frac{1}{n^k}$ für $k > 2$.

Bemerkung 4.3.2. *Damit können jetzt auch die Reihen*

$$\sum_{n=1}^{\infty} \frac{1}{n^k}\ , k \geq 2$$

als absolut konvergente Vergleichsreihen für Konvergenznachweise mit Hilfe des Majorantenkriteriums verwendet werden.

Zum Majorantenkriterium, welches die Konvergenz einer Reihe untersucht, gehört als zweites Vergleichskriterium noch das Minorantenkriterium, welches die Divergenz einer gegebenen Reihe nachweisbar macht.

Satz 4.3.3. ***Das Minorantenkriterium***
Seien $(a_n)_{n\in\mathbb{N}}$ und $(d_n)_{n\in\mathbb{N}}$ Folgen und $a_n \geq |d_n|$ für alle $n \in \mathbb{N}$. Dann gilt, ist die Reihe $\sum_{n=1}^{\infty} d_n$ bestimmt divergent gegen ∞, so divergiert auch $\sum_{n=1}^{\infty} a_n$ bestimmt gegen ∞.

Das Minorantenkriterium haben wir, ohne es zu benennen, bereits beim Nachweis der Divergenz der harmonischen Reihe angewandt (siehe Beispiel 4.3.3).
Das Anwenden von Majoranten- und Minorantenkriterium verlangt oft eine gesunde mathematische Routine in der Wahl der für die notwendigen Abschätzungen geeigneten Vergleichsreihen und wird daher oft erst verwendet, falls eines der folgenden zwei Kriterien, welche in der Anwendung direkter sind, versagen sollte.

Satz 4.3.4. ***Das Wurzelkriterium***
Sei $(a_n)_{n\in\mathbb{N}}$ eine Folge. Es existiere ein $q < 1$ und $N \in \mathbb{N}$ mit $\sqrt[n]{|a_n|} \leq q$ für $n \geq N$. Dann konvergiert die Reihe $\sum_{n=1}^{\infty} a_n$ absolut.
Dies gilt insbesondere, wenn

$$\lim_{n\to\infty} \sqrt[n]{|a_n|} < 1 \ .$$

Der Beweis des Wurzelkriteriums ist vergleichsweise einfach und seine Argumentation ist die folgende. Aus der Voraussetzung $\sqrt[n]{|a_n|} \leq q$ folgt sofort $|a_n| \leq q^n$. Nun ist aber die Reihe $\sum_{n=1}^{\infty} q^n$ für $|q| < 1$ eine konvergente geometrische Reihe und mit dem Majorantenkriterium folgt die Behauptung.
Zum Wurzelkriterium gehört ein weiteres Kriterium und beide bilden ein „Team“ bei der Untersuchung von Reihen auf Konvergenz. Die Vor- und Nachteile beider Kriterien werden wir im Anschluss betrachten. Jetzt folgt aber erst einmal

Satz 4.3.5. ***Das Quotientenkriterium***
Sei $(a_n)_{n\in\mathbb{N}}$ eine Folge. Es existiere ein $q < 1$ und $N \in \mathbb{N}$ mit

$$|\frac{a_{n+1}}{a_n}| \leq q \ \text{für} \ n \geq \mathbb{N}.$$

Dann konvergiert die Reihe $\sum_{n=1}^{\infty} a_n$ absolut.
Dies gilt insbesondere, falls

$$\lim_{n\to\infty} |\frac{a_{n+1}}{a_n}| < 1$$

Bemerkungen 4.3.2.
Die praktische Anwendbarkeit von Wurzel- und Quotientenkriterium ist darin begründet, dass man die Konvergenz einer gegebenen Reihe $\sum_{n=0}^{\infty} a_n$ *mit Hilfe der Grenzwertebedingung*

$$\limsup_{n\to\infty} \sqrt[n]{(a_n)} < 1 \quad \textit{bzw.} \quad \limsup_{n\to\infty} \frac{a_{n+1}}{a_n} < 1,$$

überprüfen kann (vgl. Bemerkung 4.1.2 zur Definition von lim sup*). Allerdings sind dieser Methode auch eindeutige Grenzen gesetzt, denn es können bei der Grenzwertuntersuchung auch die folgenden zwei Fälle auftreten, von denen der zweite die Unsicherheit der beiden ansonsten hinreichenden Kriterien deutlich macht.*

1. *Gilt*
$$\limsup_{n\to\infty} \sqrt[n]{(a_n)} > 1 \left(\textit{oder} \ \limsup_{n\to\infty} \frac{a_{n+1}}{a_n} > 1 \right),$$
so divergiert die Reihe.

2. *Gilt*
$$\limsup_{n\to\infty} \sqrt[n]{(a_n)} = 1 \left(\textit{oder} \ \limsup_{n\to\infty} \frac{a_{n+1}}{a_n} = 1 \right),$$
so ist weder mit dem Quotientenkriterium, noch mit dem Wurzelkriterium eine Aussage bezüglich der Konvergenz möglich.

Beispiele 4.3.3.

1. $a_n = \frac{1}{n}$
Nach dem Quotientenkriterium folgt:
$$\left| \frac{a_{n+1}}{a_n} \right| = \frac{\frac{1}{n+1}}{\frac{1}{n}} = \frac{n}{n+1} \overset{n\to\infty}{\to} 1$$
Nach dem Wurzelkriterium gilt:
$$\sqrt[n]{|a_n|} = \frac{1}{\sqrt[n]{n}} \overset{n\to\infty}{\to} 1$$
beide Male kann keine Aussage gemacht werden und wir wissen:
$$\sum_{n=1}^{\infty} \frac{1}{n}, \quad \textit{die harmonische Reihe, ist divergent.}$$

2. $\sum_{n=1}^{\infty} \frac{1}{n^2}$ *konvergiert absolut (nach Majorantenkriterium)*
Aber das Wurzelkriterium ist nicht erfüllt:

$$\lim_{n\to\infty} \sqrt[n]{\frac{1}{n^2}} = \lim_{n\to\infty} \frac{1}{(\sqrt[n]{n})^2} = 1$$

wie auch das Quotientenkriterium nicht erfüllt ist:

$$\lim_{n\to\infty} \frac{\frac{1}{(n+1)^2}}{\frac{1}{n^2}} = \lim_{n\to\infty} \left(\frac{n}{n+1}\right)^2 = 1$$

3. *Untersucht man die Reihe*

$$\sum_{k=1}^{\infty} \frac{k^k}{(k^2+1)^k}\,, \quad \textit{mit } a_k = \frac{k^k}{(k^2+1)^k}\,,\ k \in \mathbb{N}$$

$$\Rightarrow\ a_1 = \frac{1}{3}\,,\ a_2 = \frac{4}{25}\,,\ \ldots$$

Nach dem Wurzelkriterium folgt:

$$\sqrt[k]{\frac{k^k}{(k^2+1)^k}} = \frac{k}{k^2+1} = \frac{1}{k + \underbrace{\frac{1}{k}}_{=0 \text{ für } k\to\infty}} \overset{k\to\infty}{\longrightarrow} 0 < 1$$

$\Rightarrow$ *Die Reihe konvergiert absolut!!*

4. *Untersucht man die Reihe*

$$\sum_{k=1}^{\infty} \frac{(k-1)!}{k^{k-1}}\,, \quad \textit{mit } a_k = \frac{(k-1)!}{k^{k-1}} = \frac{(k-1)!}{\frac{k^k}{k}} = \frac{(k-1)!\cdot k}{k^k} = \frac{k!}{k^k}$$

so ergibt sich mit dem Quotientenkriterium:

$$\begin{aligned}\left|\frac{a_{n+1}}{a_n}\right| &= \frac{\frac{(k+1)!}{(k+1)^{k+1}}}{\frac{k!}{k^k}} = \frac{(k+1)!\cdot k^k}{(k+1)^{k+1}\cdot k!} = \frac{k^k}{(k+1)^k} \\ &= \left(\frac{k}{k+1}\right)^k = \left(\frac{1}{1+\frac{1}{k}}\right)^k \\ &= \frac{1}{(1+\frac{1}{k})^k} \overset{k\to\infty}{\to} \frac{1}{e} < 1.\end{aligned}$$

$\Rightarrow$ *die Reihe konvergiert absolut!!*

Jetzt haben wir eine ganze Reihe von Kriterien kennen gelernt, mit deren Hilfe man Reihen auf Konvergenz hin untersuchen kann. Um jetzt ein wenig Ordnung in diese Liste von Kriterien zu bringen, geben wir mit dem folgenden Ablaufplan eine unserer Meinung nach empfehlenswerte Anwendungsreihenfolge an:

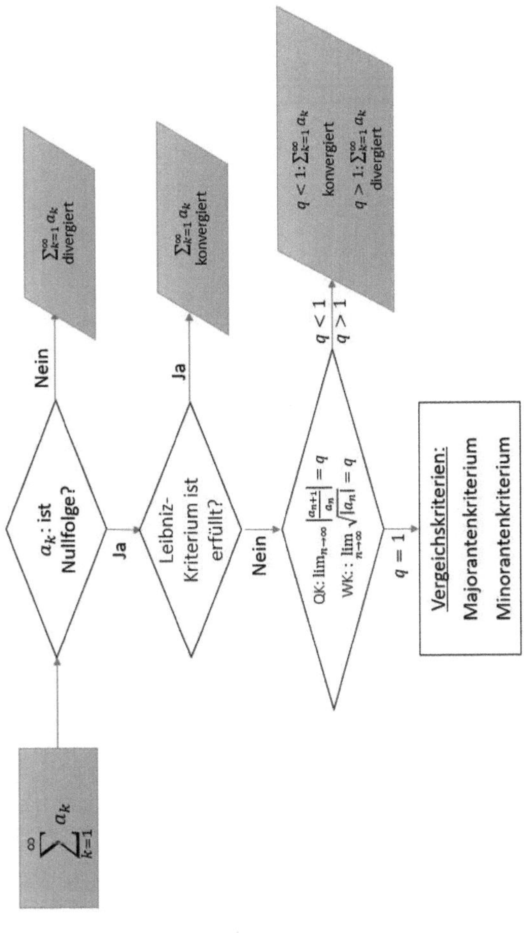

Abbildung 4.1: Ablaufplan Konvergenzkriterien von Reihen

Tabelle zur Einordnung von Folgen und konvergenten Reihen

	schnelles Fallen			langsames Fallen	
Wie schnell geht $(a_n)_{n\in\mathbb{N}}$ gegen Null?	exponential wie q^n, $\lvert q\rvert < 1$	polynomial wie $n^{-\alpha}, \alpha > 1$	höchstens wie $\frac{1}{n}$	höchstens wie $\frac{1}{n}$	gar nicht
Beispiele	$a_n = \frac{n^7}{3^n}$ $a_n = (n^{\frac{1}{n}} - 1)^n$ $a_n = \frac{1}{n!}$	$a_n = \frac{1}{n^2}$ $a_n = \frac{n^3+\sin n}{n^5+1}$ $a_n = \frac{1}{n^{10000}}$ $a_n = \frac{1}{(n+\ln n)^2}$ $a_n = \frac{20}{n^3-33}$	$a_n = \frac{(-1)^n}{\ln n}$ $a_n = \frac{(-1)^n}{\ln n}$	$a_n = \frac{1}{\ln n}$ $a_n = \frac{1}{n+\ln n}$ $a_n = \frac{1}{n}$	$a_n(-1)^n$ $a_n = \sin n$
passende Konvergenz-kriterien	Wurzel-und Quotienten-kriterium	Integral- kriterium	Leibniz-Kriterium		$a_n \not\to 0$
Vergleichs-Kriterium, Majoranten-, Minoranten-Kriterien	Vergleich mit q^n	Vergleich mit $n^{-\alpha}$ möglich	kein Vergleich	Vergleich mit $\frac{1}{n}$	
Konvergenz-verhalten	absolute Konvergenz	absolute Konvergenz	keine absolute Konvergenz	Divergenz	Divergenz
	Konvergenz	Konvergenz			

Kommen wir zum Abschluss dieses Kapitels noch einmal auf die sehr starke Eigenschaft der absoluten Konvergenz von Reihen zurück. Wir wollen noch genauer untersuchen, weshalb die absolute Konvergenz als Eigenschaft „stark“ genannt werden kann. Dazu führen wir den Begriff der Umordnung ein.

Definition 4.3.5. *(Umordnung)*
Unter einer Umordnung der natürlichen Zahlen verstehen wir eine bijektive Abbildung $\sigma : \mathbb{N} \longrightarrow \mathbb{N}$, *mit* $n \mapsto \sigma(n)$.

Beispiel 4.3.5.
So bildet z. B. $(2, 1, 4, 3, 6, 5, \ldots)$ *eine Umordnung von* $\mathbb{N}$ *oder auch*

$$(2, 4, 6, 8, 10, 1, 3, 5, 7, 9, 12, 14, 16, 18, 20, 11, \ldots)$$

Für Reihen mit ausschließlich positiven Summanden gilt der folgende Satz.

Satz 4.3.6.
Ist $(a_n)_{n\in\mathbb{N}}$ *eine Folge mit* $a_n \geq 0$ *für alle* $n \in \mathbb{N}$, *und konvergiert die Reihe*

$$\sum_{n=1}^{\infty} a_n = a$$

so folgt für jede Umordnung

$$\sum_{n=1}^{\infty} a_{\sigma(n)} = a.$$

Aus diesem Satz folgt sogar für absolut konvergente Reihen:

Satz 4.3.7.
Für eine Folge $(a_n)_{n\in\mathbb{N}}$, *die absolut summierbar ist, konvergiert für jede Umordnung* σ *die Reihe*

$$\sum_{n=1}^{\infty} a_{\sigma(n)}$$

und es gilt

$$\sum_{n=1}^{\infty} a_{\sigma(n)} = \sum_{n=1}^{\infty} a_n$$

Wir bemerken, dass über Umordnungen auch die absolute Konvergenz einer Reihe nachgewiesen werden kann.

Satz 4.3.8.
Ist $(a_n)_{n\in\mathbb{N}}$ eine Folge, dann ist $(a_n)_{n\in\mathbb{N}}$ genau dann absolut summierbar, wenn für jede Umordnung die Reihe $\sum_{n=1}^{\infty} a_{\sigma(n)}$ konvergent ist.

Wie wir wissen, ist die alternierende harmonische Reihe $\sum_{n=1}^{\infty}(-1)^n \frac{1}{n}$ nach Leibniz konvergent, doch ist sie aufgrund der nicht konvergenten harmonischen Reihe eben nicht absolut konvergent. Für nicht absolut konvergente Reihen gilt dabei aber die folgende sehr interessante Eigenschaft.

Satz 4.3.9.
Ist $(a_n)_{n\in\mathbb{N}}$ eine nicht absolut konvergente Folge aber konvergiert die Reihe $\sum_{n=1}^{\infty} a_n$, so gibt es zu jedem $r \in \mathbb{R}$ eine Umordnung σ_r, so dass

$$\sum_{n=1}^{\infty} a_{\sigma_r(n)} = r$$

Mit anderen Worten, eine nicht absolut konvergente Reihe lässt sich so umordnen, dass ihre Umordnung gegen eine beliebige vorher gewählte reelle Zahl konvergiert. Auch dieses wankelmütige Verhalten von nicht absolut konvergenten Reihen unter Umordnung unterstreicht noch einmal, weshalb die absolute Konvergenz einer Reihe die Bezeichnung „starke Eigenschaft“ verdient.

Und so kann man zum Abschluss dieses Kapitels für absolut konvergente Reihen noch das *Cauchy-Produkt* dieser Reihen einführen.

Satz 4.3.10.
Gegeben seien zwei absolut konvergente Reihen $\sum_{n=1}^{\infty} a_n$ und $\sum_{n=1}^{\infty} b_n$. Man definiere für $n \in \mathbb{N}$

$$c_n = \sum_{k=1}^{n} a_k b_{n-k}$$

Dann ist die Reihe $\sum_{n=1}^{\infty} c_n$ absolut konvergent und es gilt

$$\sum_{n=1}^{\infty} c_n = \Big(\sum_{n=1}^{\infty} a_n\Big) \cdot \Big(\sum_{n=1}^{\infty} b_n\Big)$$

4.3.1 Kurzaufgaben zum Verständnis

1. Für welche $x \in \mathbb{R}$ konvergiert die Reihe $\sum_{n=0}^{\infty} x^k$?

   □ $|x| < 1$ □ $x \in \mathbb{R}_+$ □ $0 \leq x \leq 1$

2. Konvergiert die Reihe $\sum_{k=1}^{\infty}(\sqrt{k} - \sqrt{k-1})$?

   □ ja □ nein

3. Konvergiert die Reihe $\sum_{k=1}^{\infty} \frac{2k+1}{k^2(k+1)^2}$?

   □ ja □ nein

4. Konvergiert die Reihe $\sum_{k=1}^{\infty}\left(\frac{k}{2k+1}\right)^k$?

   □ ja □ nein

5. Wie lautet die Stirling-Formel für die Abschätzung von $n!$ bei großen $n \in \mathbb{N}$?

   □ $\sqrt{\pi n} \cdot \left(\frac{n}{e}\right)^n$ □ $\sqrt{\pi n} \cdot \left(\frac{e}{n}\right)^n$ □ $\sqrt{2\pi n} \cdot \left(\frac{n}{e}\right)^n$

6. Muss im Minorantenkriterium die Vergleichsreihe über eine Folge mit ausschließlich positiven Folgegliedern gebildet werden?

   □ ja □ nein

7. Ist jede Reihe, die über eine Nullfolge gebildet wird, konvergent?

   □ ja □ nein

8. Sind das Quotienten- und das Wurzelkriterium notwendige Kriterien für die Konvergenz einer Reihe?

   □ ja □ nein

9. Wäre es vorteilhafter zur Konvergenzuntersuchung der folgenden Reihe

   $$\sum_{n=1}^{\infty} \frac{3^n}{n^n}$$

   das Wurzelkriterium (WK) oder das Quotientenkriterium (QK) heranzuziehen?

   □ WK □ QK □ weder noch

4.3.2 Übungen

Lösungsvideos zu den Übungen können auf www.lsgn24h.de über die Eingabe des Lösungscodes abgerufen werden.

Kl A:

1. Berechnen Sie die Summe $S = 7+11+15+19+23+\ldots+1031+1035$

   (Lösungscode: SB01RN0A001)

2. Welche Reihen konvergieren?

   (a) $S = 1 - 1 + 1 - 1 + 1 - 1 + \ldots$

   (Lösungscode:SB01RN0A002)

   (b) $S = \sum_{i=1}^{\infty} \left(\frac{7}{8}\right)^i$

   (Lösungscode: SB01RN0A003)

   (c) für $x \in \mathbb{R}$, $x \neq \frac{1}{4}$ sei $\sum_{k=1}^{\infty} \left(\frac{4x-1}{1-4x}\right)^k$

   (Lösungscode: SB01RN0A004)

   (d) $\sum_{n=1}^{\infty} \frac{1}{\sqrt{n}}$

   (Lösungscode: SB01RN0A005)

   (e) $\sum_{n=1}^{\infty} \frac{(-1)^n}{n^{\frac{1}{3}}}$

   (Lösungscode: SB01RN0A006)

3. Bestimmen Sie den Grenzwert der folgenden Reihe:

$$\sum_{k=0}^{\infty} 5 \cdot \left(\frac{2}{3}\right)^k$$

   (Lösungscode:SB01RN0A007)

4. Ist die folgende Reihe konvergent?

$$S = \sum_{j=1}^{\infty} \frac{j^j}{(j^2+1)^j}$$

   (Lösungscode: SB01RN0A008)

5. Der Zuwachs einer Bakterienkultur, die am Anfang eines Experiments aus 10^5 Zellen besteht, beträgt nach einem Tag die Hälfte der Bakterien vom Vortag usw.

   (a) Wie viele sind es nach 11 Tagen in der Kultur?

   (b) Wie lange wird es dauern, bis sich die Kultur verdreifacht hat?

(Lösungscode: SB01RN0A009)

Kl B:

1. Bestimmen Sie die Grenzwerte der folgenden Reihen:

   (a)
$$\sum_{k=0}^{\infty} \frac{1}{1-4k^2}$$

(Lösungscode: SB01RN0B001)

   (b)
$$\sum_{k=1}^{\infty} \frac{1}{k^3+3k^2+2k}$$

(Lösungscode:SB01RN0B002)

2. Die Seitenmitten eines Quadrats mit den Eckpunkten P_1, Q_1, R_1, S_1 seien die Eckpunkte eines Quadrats P_2, Q_2, R_2, S_2, welchem nach demselben Vorgehen wieder ein Quadrat P_3, Q_3, R_3, S_3 eingeschrieben wird, usw. (siehe Grafik).

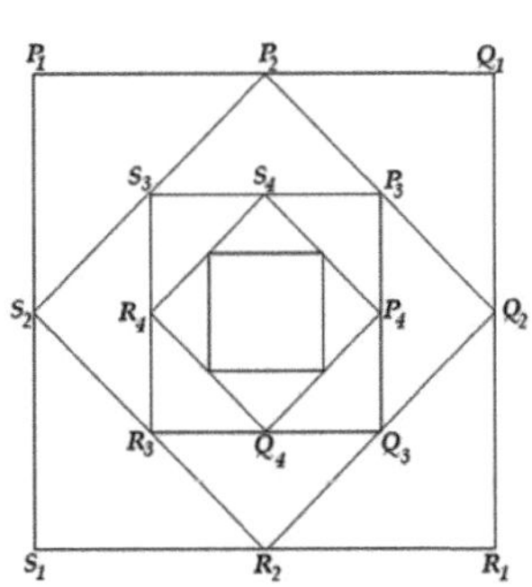

(a) Geben Sie die arithmetische Darstellung der Folge der Längen der Quadratseiten in Abhängigkeit von $a = \overline{P_1Q_1}$ an. Notieren Sie hierzu die Seitenlängen der ersten drei Quadrate.

(Lösungscode: SB01RN0B003)

(b) Die durch die ersten n Quadrate gebildete Figur soll als ein Stapel von aufeinandergelegten Quadraten in der Draufsicht entstehen. Wie groß ist die Gesamtfläche der dafür benötigten Sperrholzplatte, aus der die einzelnen Quadrate ausgeschnitten werden sollen, mindestens, falls man von $a = 1dm$ ausgeht?

(Lösungscode: SB01RN0B004)

(c) Wie groß müsste die Fläche der Sperrholzplatte für $n \to \infty$ sein?

(Lösungscode: SB01RE0B005)

3. Welche Reihen konvergieren?

(a)

$$S = \sum_{k=1}^{\infty} (2k)^k \left(\sin\left(\frac{2}{k}\right)\right)^k$$

(Lösungscode: SB01RN0B006)

(b)

$$S = 1 + \frac{1}{e} + \frac{2}{e^2} + \frac{3}{e^3} + \frac{4}{e^4} + \frac{5}{e^5} + \dots .$$

(Lösungscode: SB01RN0B007)

(c)

$$S = \sum_{k=1}^{\infty} \frac{(k-1)!}{k^{k-1}}$$

(Lösungscode: SB01RN0B008)

4. Berechnen Sie

   (a)

$$\sum_{k=0}^{\infty} \frac{1}{k!}$$

(Lösungscode: SB01RN0B009)

   (b)

$$\sum_{k=2}^{\infty} \frac{k-1}{k!}$$

(Lösungscode: SB01RN0B010)

Kl C:

1. Ein Herrscher wollte wissen, welchen Überhang man mit Steinen in Quaderform ohne Mörtel erreichen kann. Zur Vereinfachung rechne man mit einer Steinlänge von einem Meter.

   (a) Welchen Überhang oberhalb des ersten Steins kann man maximal erreichen?

   (Lösungscode: SB01RN0C001)

   (b) Wo liegt dann ihr (der beiden Steine) gemeinsamer Schwerpunkt?

   (Lösungscode: SB01RN0C002)

   (c) Nun setzt man diese beiden Steine auf einen weiteren unteren Stein. Welchen Überhang erreicht man jetzt? Und wo liegt der Schwerpunkt aller drei Steine?

   (Lösungscode: SB01RN0C003)

   (d) Nun fährt man so fort. Wie weit ist der Überhang (über dem unteren Stein) bei insgesamt n Steinen?

   (Lösungscode: SB01RN0C004)

   (e) Wie weit käme man bei beliebig vielen Steinen?

   (Lösungscode: SB01RN0C005)

   (f) Wie viele Steine bräuchte man, um einen 1 km weiten Überhang zu bauen? (Bestimmen Sie eine Obergrenze.)

   (Lösungscode: SB01RN0C006)

Kl D:

1. Beweisen Sie das Kriterium von Raabe: Gegeben sei eine Folge $(a_n)_{n\in\mathbb{N}}$. Es existiere ein $\beta > 1$ und ein $N_0 \in \mathbb{N}$, so dass

$$|\frac{a_{n+1}}{a_n}| \leq 1 - \frac{\beta}{n},\ n \geq N_0$$

Dann konvergiert die Reihe $\sum_{n=1}^{\infty} a_n$ absolut.

(Lösungscode: SB01RN0D001)

2. Gilt andererseits: Es existiert ein $N_0 \in \mathbb{N}$, so dass

$$\frac{a_{n+1}}{a_n} \geq 1 - \frac{1}{n},\ n \geq N_0 \tag{4.3}$$

so divergiert die Reihe $\sum_{n=1}^{\infty} a_n$.

(Lösungscode: SB01RN0D002)

3. Geben Sie ein Beispiel an, dass die letzte Aussage nicht gilt, wenn man auf der linken Seite von (4.3) den Betrag setzt.

(Lösungscode: SB01RN0D003)

5. Komplexe Zahlen

Die Mathematik als Fachgebiet ist so ernst,
dass man keine Gelegenheit versäumen sollte,
dieses Fachgebiet unterhaltsamer zu gestalten.

Blaise Pascal (1623-1662)

Komplexe Zahlen waren vor allem ab dem 18 Jh. Gegenstand intensiver mathematischer Forschung. Einer, der sich in diesem Zusammenhang vor allem Verdienste erworben hat, war Leonhard Euler. Nach ihm ist eine der zentralen Formeln zur Darstellung der komplexen Zahlen benannt. Heute gibt es eine Vielzahl von Anwendungen für komplexe Zahlen unter denen jeder Studierende der Elektrotechnik sofort die Darstellung des Wechselstroms nennen wird. Diese Anwendung ist aber nur ein winziger Ausschnitt der vielfältigen Einsetzbarkeit von komplexen Zahlen in den Naturwissenschaften und der Technik. Innerhalb der Mathematik lassen sich zudem viele Aussagen aus der reellen Analysis durch den „Umweg“ über die komplexen Zahlen elegant und einfach beweisen. Wir werden im Band über Funktionen einer Variablen als ein Beispiel dazu die Darstellung der Überlagerung gleichfrequenter Schwingungen mit verschiedenen Phasen kennenlernen.
Wenn allerdings jemand fragen würde, warum die Mathematik die reellen Zahlen zu den komplexen Zahlen erweitern wollte, so wird man sicher zuerst die im Komplexen entstehende Lösbarkeit aller algebraischen Gleichungen nennen, die, wie z.B. $x^2 + 1 = 0$, in den reellen Zahlen nicht immer eine Lösung besitzen.
Der zugehörige zentrale Satz ist der Fundamentalsatz der Algebra (siehe [AHK], [H1]).

G. Schlüchtermann und N. Mahnke, *Basiswissen Ingenieurmathematik Band 1*,
https://doi.org/10.1007/978-3-658-35336-0_5

5.1 Grundlagen der komplexen Zahlen

Wo kommen komplexe Zahlen vor?

Wir beginnen unsere Einleitung mit einer Anwendung der komplexen Zahlen aus der Technik.

Beispiele 5.1.1.

1. *Das Ohmsches Gesetz ist im Falle von Gleichstrom gegeben durch die bekannte Beziehung zwischen elektrischer Stromstärke I, elektrischer Spannung U und dem Widerstand R:*

$$R = \frac{U}{I}$$

Im Falle von Wechselstrom, also von Stromstärke, die periodisch von der Zeit abhängt, ergeben sich bei konstantem elektrischen Widerstand die folgenden Beziehungen, welche für reelle Maßzahlen der beteiligten Größen zum Widerspruch führen würden:

$$\begin{aligned} u(t) = 0 \quad &\Rightarrow \quad R = 0 \quad \textit{oder} \\ I(t) = 0 \quad &\Rightarrow \quad R \to \infty \end{aligned}$$

Somit lässt sich Wechselstrom nicht alleine mit reellen Zahlen darstellen.

2. *Die Lösung der Gleichung $x^2 + 1 = 0$ existiert nicht in den reellen Zahlen.*
Formal lässt sich jedoch berechnen:

$$\begin{aligned} x^2 + 1 &= 0 && | -1 \\ x^2 &= -1 && |\sqrt{\cdot} \\ x_{1,2} &= \pm\sqrt{-1} \end{aligned}$$

Ausgehend von der formalen Lösung der Gleichung $x^2 + 1 = 0$ führt man eine *„neue“ Zahl* ein:
Sei $i \notin \mathbb{R}$ die „neue“ Zahl, mit der Eigenschaft $i^2 = -1$. Mit i wird die *imaginäre Einheit* bezeichnet. Geometrisch wird durch „i“ zusätzlich zur Richtung der Zahlengeraden (als Darstellung von $\mathbb{R}$) eine weitere „Richtung“ vorgeben.

Bildung der komplexen Zahlen

Um aus den Vorüberlegungen die neue Menge von bislang unbekannten Zahlen zu generieren (sie sei mit $\mathbb{C}$ bezeichnet), soll zu $\mathbb{R}$ die neue Zahl i so hinzu gefügt werden, dass die folgenden Bedingungen erfüllt werden:

1. $\mathbb{R} \subset \mathbb{C}$
2. $i \in \mathbb{C}$
3. Alle aus dem Körper $\mathbb{R}$ bekannten Rechenoperationen müssen auf $\mathbb{C}$ übertragbar sein. Insbesondere ist $\mathbb{C}$ erneut ein Körper.

Dies führt zum *Ansatz für komplexe Zahlen $z \in \mathbb{C}$:*

$$z = a + ib, \quad \text{mit } a, b \in \mathbb{R}$$

Bemerkungen 5.1.1.

1. *Ein Vielfaches der imaginären Einheit, $b \cdot i = bi$, $b \in \mathbb{R}$, wird als imaginäre Zahl bezeichnet.*
2. *Auch reelle Zahlen $a \in \mathbb{R}$ kann man komplex schreiben:*

   $$z = a + i\,0 = a$$

3. *Wegen der Kommutativität in einem Körper gilt auch $z = a + i\,b = i\,b + a$.*
4. *Für eine komplexe Zahl $z = a + i\,b$ wird die Zahl $a \in \mathbb{R}$ der Realteil der Zahl z genannt und mit $\mathrm{Re}(z) = a$ angegeben.*
5. *Für eine komplexe Zahl $z = a + i\,b$ heißt die Zahl $b \in \mathbb{R}$ der Imaginärteil der Zahl z und mit $\mathrm{Im}(z) = b$ angegeben.*
6. *Den Ansatz für die komplexen Zahlen, $z = a + ib$, bezeichnet man auch als die arithmetische Form oder Normalform komplexer Zahlen.*
7. *Eine komplexe Zahl $z = a + i\,b$ ist durch die zwei Zahlen $a, b \in \mathbb{R}$ eindeutig bestimmt, denn:*

Es seien $z_1 = a + i\,b$ und $z_2 = c + i\,d$ $(a, b, c, d \in \mathbb{R})$ komplexe Zahlen, mit $z_1 = z_2$, dann gilt:

$$\begin{aligned} z_1 = a + i\,b &= c + i\,d = z_2 \\ \Leftrightarrow \quad a - c &= i\,(d - b) \quad |()^2 \\ \Leftrightarrow \quad \underbrace{(a-c)^2}_{\geq 0} &= i^2(d-b)^2 = \underbrace{-(d-b)^2}_{\leq 0} \\ \Leftrightarrow \quad a - c &= d - b = 0 \\ \Leftrightarrow \quad a = c &\wedge \quad d = b \qquad \textit{q.e.d.} \end{aligned}$$

Abgeschlossenheit der komplexen Zahlen

Im Folgenden werden die Rechenoperationen aus $\mathbb{R}$, $(+)$ und $(\cdot)$, auf die komplexen Zahlen übertragen. Sind die Ergebnisse dieser Rechenoperationen zwischen komplexen Zahlen selbst in jedem Fall wieder komplexe Zahlen, so spricht man von der Abgeschlossenheit der Menge $\mathbb{C}$ bezüglich der jeweiligen Rechenoperation.

Es seien $z_1 = a_1 + i\,b_1$ und $z_2 = a_2 + i\,b_2$ zwei komplexe Zahlen:

Addition:

$$z_1 + z_2 = (a_1 + i\,b_1) + (a_2 + i\,b_2) = (a_1 + a_2) + i \cdot (b_1 + b_2)$$

Somit folgt: Das Ergebnis einer jeden Addition „bleibt“ in den komplexen Zahlen.

Multiplikation:

$$\begin{aligned} z_1 \cdot z_2 &= (a_1 + i\,b_1) \cdot (a_2 + i\,b_2) \\ &= a_1 \cdot a_2 + a_1 \cdot i\,b_2 + a_2 \cdot i\,b_1 + i\,b_1 \cdot i\,b_2 \\ &= \underbrace{a_1 \cdot a_2 - b_1 \cdot b_2}_{\in \mathbb{R}} + i \cdot \underbrace{(a_1 \cdot b_2 + a_2 \cdot b_1)}_{\in \mathbb{R}} \end{aligned}$$

Also folgt: Das Ergebnis einer jeden Multiplikation „bleibt“ in den komplexen Zahlen.

Division: $(z_2 \neq 0)$

$$\begin{aligned}
\frac{z_1}{z_2} &= \frac{a_1 + i\,b_1}{a_2 + i\,b_2} \cdot \frac{a_2 - i\,b_2}{a_2 - i\,b_2} \\
&= \frac{(a_1 + i\,b_1)(a_2 - i\,b_2)}{a_2^2 - (i\,b_2)^2} \\
&= \frac{1}{a_2^2 + b_2^2} \cdot (a_1a_2 - i\,a_1b_2 + i\,a_2b_1 + b_1b_2) \\
&= \frac{1}{a_2^2 + b_2^2} \cdot ((a_1a_2 + b_1b_2) + i\,(a_2b_1 - a_1b_2)) \\
&= \underbrace{\frac{a_1a_2 + b_1b_2}{a_2^2 + b_2^2}}_{a \in \mathbb{R}} + i \cdot \underbrace{\frac{a_2b_1 - a_1b_2}{a_2^2 + b_2^2}}_{b \in \mathbb{R}}
\end{aligned}$$

Erneut folgt: Das Ergebnis einer Division „bleibt" in den komplexen Zahlen.

Bemerkung 5.1.1.
In der Algebra bedeutet die Bildung $\mathbb{R} \subset \mathbb{C}$ eine sogenannte Körpererweiterung.

Für die Erweiterung von $\mathbb{R}$ zu $\mathbb{C}$ existiert die folgende sehr anschauliche Darstellung.

5.2 Gauß'sche Zahlenebene

Da jede komplexe Zahl $z = a + ib$ durch die zwei reellen Zahlen a und b eindeutig definiert ist, identifiziert man $\mathbb{C} = \{a + i\,b;\ a, b \in \mathbb{R}\}$ mit $\mathbb{R}^2 = \{(a, b);\ a, b \in \mathbb{R}\}$.

Stellt man die komplexen Zahlen als den $\mathbb{R}^2$, also als Menge der geordneten Paare (a, b), dar, so muss man die Rechenoperationen entsprechend auch für Paare festlegen.

Definition 5.2.1. *($\mathbb{C}$)*
Die Menge der komplexen Zahlen $\mathbb{C}$ ist die Menge $\mathbb{R}^2$ mit den Rechenoperationen:

i) $(a_1,\ b_1) \pm (a_2,\ b_2) = (a_1 \pm a_2,\ b_1 \pm b_2)$

ii) $(a_1,\ b_1) \cdot (a_2,\ b_2) = (a_1a_2 - b_1b_2,\ a_1b_2 + a_2b_1)$

iii) $(a_1,\ b_1) : (a_2,\ b_2) = (a_2^2 + b_2^2)^{-1} \cdot (a_1a_2 + b_1b_2,\ a_2b_1 - a_1b_2)$

Da die komplexen Zahlen zuerst recht analytisch eingeführt wurden, kann man mittels der Identifikation mit der reellen Zahlenebene als Darstellung des $\mathbb{R}^2$ einige Konzepte geometrisch interpretieren.

Bemerkungen 5.2.1.

1. *Das neutrale Element bezüglich der Multiplikation ist (1,0) in der Zahlenebene oder* $1 + 0\,i = 1$*:*

$$(a, b) \cdot (1, 0) = (a \cdot 1 - b \cdot 0,\ a \cdot 0 + b \cdot 1) = (a, b)$$

2. *Die komplexe Zahl „i" ist der Punkt* $(0, 1)$ *in der Zahlenebene oder* $0 + i \cdot 1 = i$*:*

$$(0, 1) \cdot (0, 1) = (0 \cdot 0 - 1 \cdot 1,\ 0 \cdot 1 + 1 \cdot 0) = (-1, 0)$$

3. *Sei* $z = x + i\,y \in \mathbb{C}$*, in der Zahlenebene* (x, y)*. Dann nennt man auch in der Darstellung als Punkt der Zahlenebene* x *den „Realteil" von* z *und* y *den „Imaginärteil" von* z*. In Zeichen:*

$$\left.\begin{array}{l} x = \mathrm{Re}(z) \\ y = \mathrm{Im}(z) \end{array}\right\} \in \mathbb{R}$$

Die zugehörigen Achsen werden die „reelle Achse" für $\mathrm{Re}(z)$ *und die „imaginäre Achse" für* $\mathrm{Im}(z)$ *genannt.*

4. *In der Gauß'schen Zahlenebene ist jede komplexe Zahl* $z = x + iy$ *durch das Paar* (x, y) *eindeutig festgelegt.*

5. *Das Paar* $(x, y) \in \mathbb{R}^2$ *und damit die komplexe Zahl* $z = x + iy$ *lässt sich in der Gauß'schen Zahlenebene als Punkt oder als Pfeil vom Ursprung auf den Punkt* (x, y) *darstellen.*

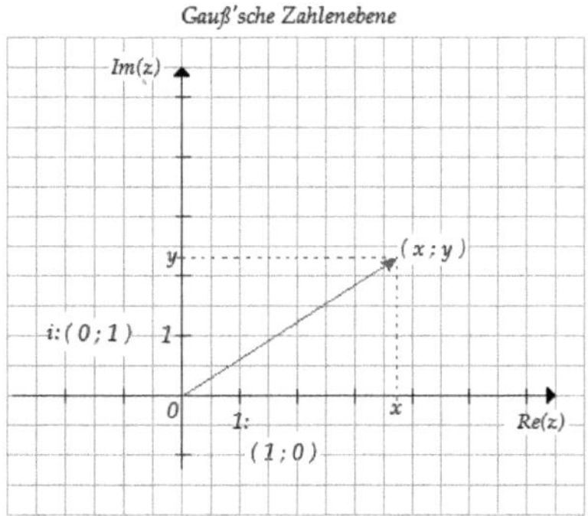

Polarkoordinatenform (goniometrische Form)

Aufgrund der Gleichstellung der komplexen Zahlen mit der reellen Ebene, kann man, wie die Punkte an sich, auch für komplexe Zahlen eine alternative Darstellung finden, nämlich durch die Polarkoordinaten. Eine komplexe Zahl $z = (x + iy) \in \mathbb{C}$, bzw. $z = (x,\ y)$, kann auch mittels Polarkoordinaten $(\varphi,\ r)$ geschrieben werden: $z = (\varphi,\ r)$

Diese Darstellungsform wird auch die „goniometrische Form" von komplexen Zahlen genannt, von griechisch „gonio: der Winkel" und „metrum: das Maß".

Hier bezeichnet r den Abstand vom Punkt $P(x, y)$ zum Ursprung $O(0, 0)$ der Gauß'schen Zahlenebene und φ den Winkel der Strecke $\overline{OP}$ zur reellen Achse $\mathrm{Re}(z)$.

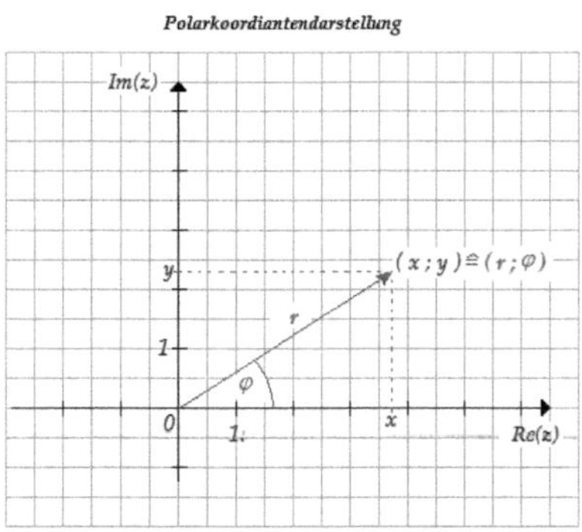

Man nennt r den „Betrag“der komplexen Zahl. Der Winkel φ wird “Argument“ der komplexen Zahl genannt. In Zeichen: $r = |z|$ und $\varphi = \arg(z)$

Sowohl φ als auch r lassen sich wie folgt aus dem Realteil und dem Imaginärteil der komplexen Zahl $z = x + iy$ berechnen:

$$\varphi = \arctan\left(\frac{y}{x}\right) + \Psi = \arctan\left(\frac{\mathrm{Im}(z)}{\mathrm{Re}(z)}\right) + \Psi, \text{ mit } \Psi = \begin{cases} 0, & x > 0 \\ \pi, & x \leq 0,\ y > 0 \\ -\pi, & x \leq 0,\ y < 0 \end{cases}$$

$$r = \sqrt{x^2 + y^2} = \sqrt{(\mathrm{Re}(z))^2 + (\mathrm{Im}(z))^2}$$

Man kann das Argument einer komplexen Zahl $z = x + iy$ auf zwei verschiedene Weisen angeben.

1. $\arg(z) \in]-\pi, \pi]$ [1] :

$$\varphi = \arg(z) = \begin{cases} \arctan\left(\frac{y}{x}\right) & x > 0 \text{ I. und IV. Quadrant} \\ \frac{\pi}{2} & x = 0, y > 0, \text{ pos. imag. Achse} \\ \arctan\left(\frac{y}{x}\right) + \pi & x < 0, y \geq 0 \text{ II. Quadrant} \\ -\frac{\pi}{2} & x = 0, y < 0, \text{ neg. imag. Achse} \\ \arctan\left(\frac{y}{x}\right) - \pi & x < 0, y < 0, \text{ III. Quadrant} \end{cases}$$

2. $\arg(z) \in [0, 2\pi[$:

$$\varphi = \arg(z) = \begin{cases} \arctan\left(\frac{y}{x}\right) & x > 0, y \geq 0, \text{ I. Quadrant} \\ \frac{\pi}{2} & x = 0, y > 0, \text{ pos. imag. Achse} \\ \arctan\left(\frac{y}{x}\right) + \pi & x < 0, \text{ II. und III. Quadrant} \\ \frac{3\pi}{2} & x = 0, y < 0, \text{ neg. imag. Achse} \\ \arctan\left(\frac{y}{x}\right) + 2\pi & x > 0, y < 0, \text{ IV. Quadrant} \end{cases}$$

Der Fall $z = 0$ besitzt kein eindeutig festgelegtes Argument und entfällt.

[1] Wir werden im Folgenden immer die Darstellung $\arg(z) \in]-\pi, \pi]$ wählen.

Bemerkungen 5.2.2.

1. *Um von den Polarkoordinaten auf die arithmetische Form zurückzurechnen, verwendet man:*

$$\begin{aligned} z = (r, \varphi) \quad &\Rightarrow \quad \operatorname{Re}(z) = x = r \cdot \cos(\varphi) \\ & \quad \operatorname{Im}(z) = y = r \cdot \sin(\varphi) \\ &\Rightarrow \quad z = x + iy \end{aligned}$$

2. *Die Polardarstellung der komplexen Zahl (goniometrische Form) ist damit gegeben durch*

$$z = r \cdot (\cos(\varphi) + i \sin(\varphi))$$

Rechenoperationen in der Polardarstellung

Wie bei der arithmetischen Darstellung, wollen wir jetzt die Rechenoperationen auch mittels Polarkoordinaten ausdrücken.

$$\begin{aligned} \text{Seien} \quad z_1 = x_1 + i\, y_1 &= r_1 (\cos(\varphi_1) + i \sin(\varphi_1)) \\ z_2 = x_2 + i\, y_2 &= r_2 (\cos(\varphi_2) + i \sin(\varphi_2)) \end{aligned}$$

„Addition=Vektoraddition" im $\mathbb{R}^2$

$$\begin{aligned} z_1 + z_2 &= r_1 \cos(\varphi_1) + i\, r_1 \sin(\varphi_1) + r_2 \cos(\varphi_2) + i\, r_2 \sin(\varphi_2) \\ \Rightarrow \quad z_1 + z_2 &= (r_1 \cos(\varphi_1) + r_2 \cos(\varphi_2)) + i\,(r_1 \sin(\varphi_1) + r_2 \sin(\varphi_2)) \end{aligned}$$

„Multiplikation" im $\mathbb{R}^2$

$$\begin{aligned} z_1 \cdot z_2 &= \Big(r_1 (\cos(\varphi_1) + i\ \sin(\varphi_1))\Big) \cdot \Big(r_2 (\cos(\varphi_2) + i\ \sin(\varphi_2))\Big) \\ \Rightarrow \quad z_1 \cdot z_2 &= r_1 r_2 \Big(\cos(\varphi_1) \cdot \cos(\varphi_2) - \sin(\varphi_1) \cdot \sin(\varphi_2) \\ &+ \ i\ \cos(\varphi_1) \sin(\varphi_2) + i\ \cos(\varphi_2) \sin(\varphi_1)\Big) \\ &= r_1 r_2 \underbrace{\Big[\cos(\varphi_1 + \varphi_2) + i\ \sin(\varphi_1 + \varphi_2)\Big]}_{\text{Betrag } =1} \end{aligned}$$

Bemerkungen 5.2.3.

1. *Die Multiplikation von komplexen Zahlen in Polardarstellung (goniometrischer Form) besteht damit aus*
   (a) *der Multiplikation der Beträge (einer Streckung/Stauchung der Länge in der Pfeildarstellung) und*
   (b) *einer Addition der Argumente (einer Drehung um den Ursprung).*

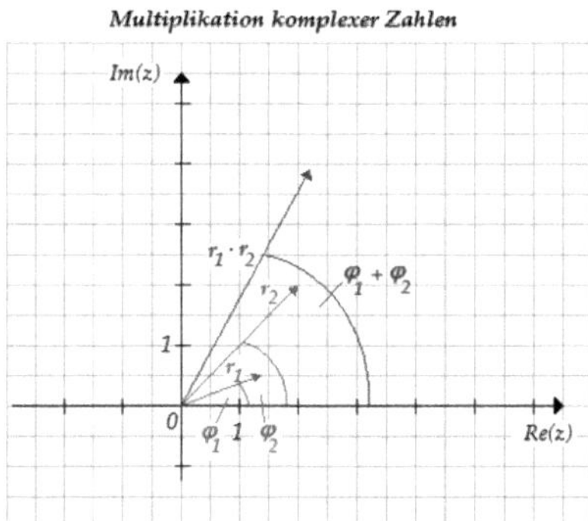

2. *Als Merkregel gilt:*
   (a) *Betrag der Produkte ≡ Produkt der Beträge*
   (b) *Argument des Produktes ≡ Summe der Argumente*
3. *Analog folgt für die Division zweier komplexer Zahlen*
   (a) *Die Division der Beträge (eine Streckung/Stauchung der Länge in der Pfeildarstellung)*
   (b) *und eine Subtraktion der Argumente (eine Drehung um den Ursprung). Es seien $z_1, z_2 \in \mathbb{C},\ z_2 \neq 0$ in der Polardarstellung:*

$$\begin{aligned} z_1 &= r_1 \cdot (\cos(\varphi_1) + i\sin(\varphi_1)) \\ z_2 &= r_2 \cdot (\cos(\varphi_2) + i\sin(\varphi_2)) \end{aligned}$$

Dann folgt

$$\Rightarrow \frac{z_1}{z_2} = \frac{r_1}{r_2} \cdot (\cos(\varphi_1 - \varphi_2) + i\sin(\varphi_1 - \varphi_2))$$

Im nachfolgenden Beispiel zeigen wir, wie sich geometrische Konstruktionen durch entsprechende Rechenoperationen ausdrücken lassen.

Beispiel 5.2.1.
Gesucht ist der Vektor (a, b), der aus $(2, 3)$ durch $\sqrt{2}$-Streckung und Drehung um $135°$ gegen den Uhrzeigersinn entsteht, welche als Eigenschaften eine komplexe Zahl definieren, mit der die zu $(2, 3)$ gehörende komplexe Zahl multipliziert werden muss.

Wir schreiben $(2, 3)$ als komplexe Zahl: $z_1 = 2 + i\,3$. Gesucht ist die komplexe Zahl z_2 mit $|z_2| = \sqrt{2}$ und $\arg(z_2) = \frac{3}{4}\pi \hat{=} 135°$

$$\Rightarrow \quad z_2 = \underbrace{\sqrt{2}}_{r_2} \cdot \left(\cos\left(\frac{3}{4}\pi\right) + i\,\sin\left(\frac{3}{4}\pi\right)\right) = -1 + i$$

$$\Rightarrow \quad (a, b) \;\hat{=}\; z_1 \cdot z_2 = (2 + i\,3) \cdot (-1 + i) = -5 - i$$

$$\hat{=}\; (-5, -1)$$

Ein weiteres wichtiges Konzept, das auch geometrisch eine einfache Deutung besitzt, findet sich in dem der *konjugiert komplexen Zahl.* Viele Aussagen kann man mit Hilfe der zu einer komplexen Zahl konjugiert komplexen Zahl einfach notieren bzw. nachweisen.

Definition 5.2.2. *(Konjugiert komplexe Zahlen)*
Für jede komplexe Zahl $z = x + iy$ definiert man die Zahl $\overline{z} = x - iy$, genannt die zu z „konjugierte komplexe Zahl".

Bemerkungen 5.2.4.

1. *Die Konjugation einer komplexen Zahl entspricht einer Spiegelung an der x-Achse - der reellen Achse*

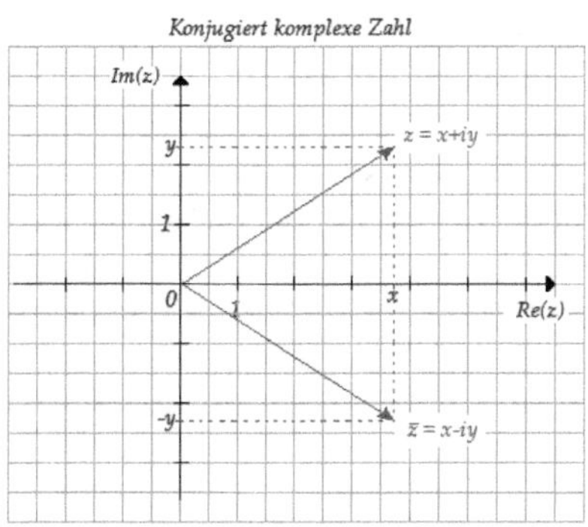

2. $z = \mathrm{Re}(z) + \mathrm{Im}(z) \cdot i \stackrel{Spiegelung}{\Longrightarrow} \overline{z} = \mathrm{Re}(z) - \mathrm{Im}(z) \cdot i$

3. *Seien die komplexe Zahl $z = x + iy$ und deren konjugiert komplexe Zahl $\overline{z} = x - iy$ gegeben.*

$$\begin{aligned} \Rightarrow \quad z \cdot \overline{z} &= (x + iy) \cdot (x - iy) \\ &= x^2 + y^2 = r^2 = |z|^2 \end{aligned}$$

4. *Rechenregeln:*

   (a)
   $$|z| = \sqrt{z \cdot \overline{z}}$$

   (b)
   $$\frac{1}{2}(z + \overline{z}) = \mathrm{Re}(z)$$

   (c)
   $$\frac{1}{i\,2}(z - \overline{z}) = \mathrm{Im}(z)$$

   (d)
   $$\overline{z_1 \pm z_2} = \overline{z_1} \pm \overline{z_2}$$

   (e)
   $$\overline{z_1 \cdot z_2} = \overline{z_1} \cdot \overline{z_2}$$

   (f)
   $$\mathrm{Re}(z) = \mathrm{Re}\left(\overline{z}\right)$$

   (g)
   $$\mathrm{Im}(z) = -\,\mathrm{Im}\left(\overline{z}\right)$$

   (h)
   $$z = \overline{z} \Leftrightarrow z \in \mathbb{R}$$

Nach dem Einführen der konjugiert komplexen Zahl zu einer gegebenen komplexen Zahl $z \in \mathbb{C}$ wollen wir insbesondere die immer wieder in Rechnungen auftretenden ganzzahligen Potenzen der imaginären Einheit genauer betrachten, denn sei $z = i$, so folgt ja $\overline{z} = -i = (-1) \cdot i = i^3$.

Rechenregeln für i:

$$i^2 = -1,\; i^3 = -i,\; i^4 = 1,\; i^5 = i, \dots$$

$$\Rightarrow i^n = \begin{cases} 1 & n = 4k \\ i & n = 4k+1 \\ -1 & n = 4k+2 \\ -i & n = 4k+3 \end{cases} \quad k \in \mathbb{Z}$$

Mittels der genannten Rechenregeln lassen sich jetzt auch Lösungen von komplexen Gleichungen ermitteln, so wie im folgenden Beispiel:

Beispiel 5.2.2.
Man bestimme alle Lösungen der Gleichung:

$$\frac{1}{z-i} - \frac{1}{z-1} = 1+i \;, \; (z \in \mathbb{C} \setminus \{i, 1\})$$

Lösung:

$$\begin{aligned} \frac{1}{z-i} - \frac{1}{z-1} &= 1+i & &| \cdot (z-1)(z-i) \\ (z-1)-(z-i) &= (1+i)(z-i)(z-1) & &| : (1+i) \\ \frac{-1+i}{1+i} &= z^2 - iz - z + i \\ \frac{-(1-i)^2}{2} &= z^2 - z(1+i) + i \\ \frac{-(-2i)}{2} &= i = z^2 - z(1+i) + i \\ 0 = z^2 - z(1+i) &= z(z-(1+i)) \\ &\Rightarrow z_1 = 0, z_2 = 1+i \end{aligned}$$

(Aufgaben zu diesem Thema finden sich in den Übungen zu diesem Abschnitt.)

Konvergenz in $\mathbb{C}$

Um die Grundlage für die konsequente Erweiterung der reellen Algebra zu legen, müssen wir natürlich auch Folgen komplexer Zahlen untersuchen.

Definition 5.2.3. *Wir betrachten eine Folge $(z_n)_{n\in\mathbb{N}}$ in $\mathbb{C}$ und definieren diese in Normalform durch*

$$z_n = x_n + iy_n,\ x_n, y_n \in \mathbb{R}\ \forall n \in \mathbb{N}$$

Dann gilt

Proposition 5.2.1.
Eine Folge $(z_n)_{n\in\mathbb{N}}$ in $\mathbb{C}$ konvergiert genau dann in $\mathbb{C}$ gegen eine komplexe Zahl $z_0 = x_0 + iy_0$, bezüglich des Abstandes in $\mathbb{C}$

$$|a_1 - a_2| = \sqrt{(Re(a_1 - a_2))^2 + (Im(a_1 - a_2))^2},\ a_1, a_2 \in \mathbb{C},$$

wenn

$$\lim_{n\to\infty} x_n = x_0 \textit{ und } \lim_{n\to\infty} y_n = y_0 \quad (\textit{ Konvergenz in } \mathbb{R})$$

(Wir empfehlen für das tiefere Verständnis, sich mit dem Beweis als Übungsaufgabe auseinanderzusetzen.)

Diese Konvergenz von komplexen Zahlenfolgen lässt sich nun wieder ohne Weiteres auf den $\mathbb{R}^2$ zurück übertragen, wobei wir zusätzlich noch berücksichtigen wollen, dass im $\mathbb{R}^2$ verschiedene Versionen der Abstandsbestimmung existieren.

Bemerkungen 5.2.5.
Wir wissen, dass man die komplexen Zahlen mit dem $\mathbb{R}^2$ identifiziert. Auf dem $\mathbb{R}^2$ kann man verschiedene Abstände eines Punktes $\vec{x} = (x, y)$ zum Ursprung definieren, z.B.

1. *der Summenabstand $\|\vec{x}\|_1 = |x| + |y|$.*
2. *der bekannte euklidischer Abstand $\|\vec{x}\|_2 = \sqrt{x^2 + y^2}$.*
3. *der Maximumsabstand $\|x\|_\infty = \max(|x|, |y|)$.*

Mit jedem dieser Abstände $\|\cdot\|$ kann man die Konvergenz von Folgen im $\mathbb{R}^2$ festlegen, nämlich

$$\lim_{n\to\infty} \vec{x}_n = \vec{x} \Leftrightarrow \|\vec{x}_n - \vec{x}\| \longrightarrow 0 \textit{ für } n \to \infty.$$

- *Es ist dabei so, dass die Konvergenz in einem der obigen Abstände die Konvergenz in allen anderen nach sich zieht. Aus diesem Grund könnte man zum Beispiel grundsätzlich den Abstand $\|\cdot\|_\infty$ wählen.*

- *Auch wenn die Abstände bezüglich der Konvergenzdefinition von komplexen Zahlenfolgen gleichwertig sind, werden wir im Folgenden hauptsächlich den euklidischen verwenden.*

- *Doch die Konvergenz einer komplexen Zahlenfolge bedeutet damit, dass* $\lim_{n\to\infty} x_n = x$ *und* $\lim_{n\to\infty} y_n = y$ *gilt. So kann man die Konvergenz von Zahlenfolgen in* $\mathbb{C}$ *mit der gleichzeitigen Konvergenz von Realteil und Imaginärteil der komplexen Zahlenfolge - nun einfach in* $\mathbb{R}$ *- identifizieren (denn Real- und Imaginärteil sind reelle Zahlen!).*

Die komplexen Folgen und Reihen gehören zu den Grundlagen der komplexen Analysis, zumal sich mit ihrer Hilfe - hier nur ein kleiner Ausblick - zum Beipiel für komplexe Funktionen deren komplexe Differenzierbarkeit oder auch komplexe Potenzreihen einführen und untersuchen lassen. Gerade die Untersuchung von komplexen Potenzreihen wäre für die Begründung der folgenden von Leonhard Euler gefundenen Beziehung jetzt sehr nützlich, würde jedoch den Rahmen dieses Werkes sprengen.
Oft wird in schulischen Ausbildungen etwas unmotiviert die Eulersche Zahl $e \approx 2,718281828459...$ als eine irrationale Zahl eingeführt, die auf eine Art besonders zu sein scheint. Dass sich hinter dieser Zahl deutlich mehr als nur eine Zahl verbergen mag, wird einem spätestens beim Studium der komplexen Zahlen und deren Darstellungen gewahr, wenn man sieht, wie über die Euler-Formel die beiden trigonometrischen Funktionen Sinus und Kosinus miteinander verknüpft sind.

Satz 5.2.1. *Die Euler-Formel*

$$e^{i\,\varphi} = \cos(\varphi) + i\,\sin(\varphi),\ \ \varphi \in \mathbb{R}$$

Auf den sehr eleganten Beweis dieser Formel müssen wir hier, wie oben bereits erwähnt, leider verzichten, damit dieses Werk auch ein kompaktes Basiswerk bleiben kann. In einem Buch über Funktionen und deren zugehörige Theorien wird der Beweis aber sicherlich den richtigen Platz finden.[2]
Wir verwenden die Euler-Formel vor allem für die dritte Darstellungsform der komplexen Zahlen.

[2] In den Übungen haben wir, appellierend an gymnasiales Schulwissen, einen Beweis mit Hilfe der Ableitungen von Funktionen aufgenommen.

Euler-Darstellung komplexer Zahlen

Für jede komplexe Zahl $z \in \mathbb{C}$ existiert neben der arithmetischen und der Polardarstellung (goniometrische Form) noch die Euler-Darstellung:

$$z = |z| \cdot e^{i\,\varphi}, \quad \varphi = \arg(z)$$

Es gilt damit für eine komplexe Zahl $z \in \mathbb{C}$ die Gleichheit der drei Darstellungen

$$z = x + iy = r \cdot (\cos(\varphi) + i\sin(\varphi)) = r \cdot e^{i\varphi}$$

$$\big(x = \mathrm{Re}(z)\,,\ y = \mathrm{Im}(z)\,,\ r = |z|\,,\ \varphi = \arg(z)\big)$$

Bemerkungen 5.2.6.

- *Die Euler-Darstellung der komplexen Zahlen liefert den Zusammenhang zwischen den komplexen Zahlen mit* $|z| = 1$ *und dem Einheitskreis. Dabei beschreibt* $e^{i\varphi}$ *die Winkelabhängigkeit der jeweiligen komplexen Zahl, mit* $|e^{i\,\varphi}| = \sqrt{e^{i\,\varphi} \cdot e^{-i\,\varphi}} = 1$.

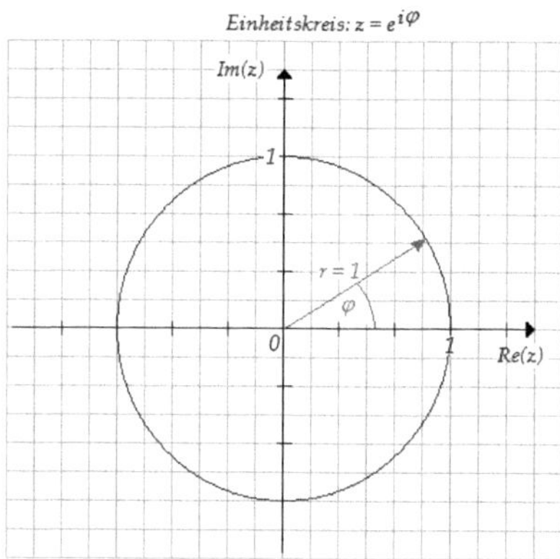

- *Für die Multiplikation und die Division zweier komplexer Zahlen* $z_1, z_2 \in \mathbb{C}\,,\ z_2 \neq 0$ *folgt in der Euler-Darstellung* $\big(z_1 = r_1 \cdot e^{i\varphi_1}\,,\ z_2 = r_2 \cdot e^{i\varphi_2}\big)$*:*

$$z_1 \cdot z_2 = r_1 \cdot r_2 \cdot e^{i(\varphi_1+\varphi_2)}\,; \quad \frac{z_1}{z_2} = \frac{r_1}{r_2} \cdot e^{i(\varphi_1-\varphi_2)}$$

- *Die Transformationen zwischen den Darstellungen sind Transformationen zwischen den Paaren (x, y) und (r, φ), so wie sie aus den Bemerkungen 5.2.2 bereits bekannt sind:*

$$\begin{aligned} (r,\varphi) \to (x,y) \quad &\Rightarrow \quad x = r \cdot \cos(\varphi) \\ & \qquad\; y = r \cdot \sin(\varphi) \\ (x,y) \to (r,\varphi) \quad &\Rightarrow \quad r = \sqrt{x^2 + y^2} \\ & \qquad\; \tan(\varphi) = \tfrac{y}{x} \end{aligned}$$

Beispiel 5.2.3.
Man stelle $z = (4 + 4\,i)(3 - \sqrt{3}\,i)$ mittels Euler-Formel dar.

$$\begin{aligned} z_1 = (4 + 4\,i) \quad &\overset{Euler}{=} \quad |z_1| \cdot e^{i\,\arg(z_1)} \\ &\Rightarrow \quad |z_1| = \sqrt{16+16} = \sqrt{32} = 4\sqrt{2} \\ & \qquad\; \arg(z_1) = \arctan\left(\frac{\operatorname{Im}(z_1)}{\operatorname{Re}(z_1)}\right) \\ & \qquad\; = \arctan(1) = \frac{\pi}{4} \\ z_2 = (3 - i\,\sqrt{3}) \quad &\overset{Euler}{=} \quad |z_2| \cdot e^{i\,\arg(z_2)} \\ &\Rightarrow \quad |z_2| = \sqrt{9+3} = \sqrt{12} = 2\sqrt{3} \\ & \qquad\; \arg(z_2) = \arctan\left(\frac{\operatorname{Im}(z_2)}{\operatorname{Re}(z_2)}\right) \\ & \qquad\; = \arctan\left(\frac{-\sqrt{3}}{3}\right) = -\frac{\pi}{6} \\ \Rightarrow z = z_1 \cdot z_2 \quad &= \quad 4\sqrt{2} \cdot e^{i\,\frac{\pi}{4}} \cdot 2\sqrt{3} \cdot e^{-i\,\frac{\pi}{6}} \\ &= \quad 8\sqrt{6} \cdot e^{i\,\frac{\pi}{12}} \end{aligned}$$

5.2.1 Kurzaufgaben zum Verständnis

1. Man beurteile, welche Aussagen wahr sind:

   (a) $i^5 = i$

   □ wahr □ falsch

   (b) $(1+i)^2 = 2i$

   □ wahr □ falsch

   (c) $|1+i| = 2$

   □ wahr □ falsch

   (d) Sind x und y reell, so gilt $|x+iy| = x^2 + y^2$.

   □ wahr □ falsch

   (e) $|z| = 1 \Rightarrow \overline{z} = \frac{1}{z}$

   □ wahr □ falsch

   (f) $\arg(i) = \frac{\pi}{2}$.

   □ wahr □ falsch

   (g) Falls $z \neq 0$, so gilt: $\arg(z) = 0$ oder $\arg(z) = \pi \Leftrightarrow z \in \mathbb{R}$

   □ wahr □ falsch

   (h) Falls $z \neq 0$, so ist z genau dann rein imaginär, wenn $\arg(z) = k\pi,\ k \in \mathbb{Z}$

   □ wahr □ falsch

   (i) Falls $z \neq 0$, so ist z genau dann rein imaginär, wenn $\arg(z) = \frac{\pi}{2}$ oder $\arg(z) = -\frac{\pi}{2}$

   □ wahr □ falsch

2. Was ist $e^{i\pi}$?

   □ π

   □ i

   □ -1

3. Wie sieht $-1+i$ in der Eulerdarstellung aus?

   □ $e^{i\frac{\pi}{2}}$

   □ $\sqrt{2}e^{i\frac{\pi}{4}}$

   □ $\sqrt{2}e^{i\frac{3\pi}{4}}$

4. Die arithmetische Form der komplexen Zahl $z = \frac{2+i}{1-i}$ lautet

   □ $z = \frac{3}{2} + \frac{3}{2}i$
   □ $z = \frac{1}{2} + \frac{3}{2}i$
   □ $z = \frac{1}{2} + \frac{1}{2}i$

5. Gegeben sei eine quadratische Gleichung mit Diskriminante $D < 0$ Dann gibt es in den komplexen Zahlen

   □ keine Lösung in den komplexen Zahlen
   □ zwei konjugiert komplexe Lösungen in $\mathbb{C}$
   □ zwei Lösungen in $\mathbb{C}$ mit entgegengesetztem Vorzeichen

6. Ist die Folge $(\frac{(-i)^n}{n})_{n\in\mathbb{N}}$ eine Nullfolge?

   □ nein
   □ ja
   □ nur für gerades n

7. Sei $z = a + bi \in \mathbb{C}$. Dann besitzt die konjugiert komplexe Zahl $\overline{z}$ von z den Betrag:

   □ $\sqrt{a^2 + b^2}$
   □ $2|a|$
   □ $2|b|$

8. Für zwei komplexe Zahlen $z_1, z_2 \in \mathbb{C} \setminus \{0, 1\}$ gilt

   □ $|z_1 \cdot z_2| < |z_1||z_2|$
   □ $|z_1 \cdot z_2| = |z_1||z_2|$
   □ $|z_1 \cdot z_2| > |z_1||z_2|$

9. Die Gleichung $\frac{\overline{z}}{z} = \frac{4}{5}$ hat in $\mathbb{C}$

   □ keine Lösung
   □ genau eine Lösung
   □ beliebig viele Lösungen

5.2.2 Übungen

Lösungsvideos zu den Übungen können auf www.lsgn24h.de über die Eingabe des Lösungscodes abgerufen werden.

Kl A:

1. Vereinfachen Sie
$$\frac{2+i\,5}{5-i\,2}$$
(Lösungscode: SB01KP0A001)

2. Es seien $w_1 = -4 + i\,9$ und $w_2 = 2 + i\,3$.
   (a) Bestimmen Sie $w_1 + w_2$, $w_1 - w_2$, $w_1 \cdot w_2$ und $\frac{w_1}{w_2}$.
   (b) Zeichen Sie jeweils die komplexen Zahlen und die entsprechenden Ergebnisse in die Zahlenebene ein.

(Lösungscode: SB01KP0A002)

3. Bestimmen Sie für $w_1 = \sqrt{2} + i$ und $w_2 = -\sqrt{2} + i$ das Produkt und den Quotienten in der Euler-Darstellung.

(Lösungscode: SB01KP0A003)

4. Es sei $z = 1 + 4i$. Bestimmen Sie die konjugiert komplexe Zahl, das Quadrat des Betrags, den Betrag, und den Kehrwert von z und $\overline{z}$.

(Lösungscode: SB01KP0A004)

5. Schreiben Sie folgende komplexe Zahlen jeweils in ihre Normalform $z = x + iy$ um.
   (a) $z = \left(\frac{1+i}{1-i}\right)^2$

   (Lösungscode: SB01KP0A005)

   (b) $z = \frac{3+4\sqrt{-5}}{1+i}$

   (Lösungscode: SB01KP0A006)

(c) $z = \frac{3+5i}{6-2i}$

(Lösungscode: SB01KP0A007)

6. Stellen Sie die folgende komplexe Zahl möglichst einfach dar.

$$z = \frac{1 - i\,2}{1 + i\,3} + \frac{1 + i\,4}{1 - i\,3}$$

(Lösungscode: SB01KP0A008)

7. Ändern Sie die Darstellungsformen der komplexen Zahlen

(a) Geben Sie $u_1 = 2 - i\,\sqrt{3}$, $u_2 = 3 + i\,5$ und $u = u_1 \cdot u_2$ in der Eulerdarstellung an.

(Lösungscode: SB01KP0A009)

(b) Schreiben Sie $u_1 = 3e^{i\,\frac{\pi}{4}}$, $u_2 = 5e^{i\,\frac{\pi}{3}}$ und $u_3 = e^{-2i}$ in der üblichen Weise mit Real-und Imaginärteil.

(Lösungscode: SB01KP0A010)

Kl B:

1. Skizzieren Sie die folgenden Mengen

(a) $M_1 = \{z \in \mathbb{C}; |z - i| = 5\}$

(b) $M_2 = \{z \in \mathbb{C}; z - i = 5\}$

(c) $M_3 = \{z \in \mathbb{C}; |z - i| = 5i\}$

(Lösungscode: SB01KP0B001)

2. Geben Sie die Menge $A = \{z \in \mathbb{C}; \frac{1}{z} - \frac{1}{\bar{z}} = -i\,2\}$ an und zeichnen Sie A in die Gauß'sche Zahlenebene ein.

(Lösungscode: SB01KP0B002)

3. Bestimmen Sie jeweils den folgenden Grenzwert

(a)

$$\lim_{n\to\infty} \left(\frac{1}{n} + \frac{n}{n+1} i\right)$$

(Lösungscode: SB01KP0B003)

(b)

$$\lim_{n\to\infty}\left(\frac{(n+i)^2}{n^2+3(n-1)i}\right)$$

(Lösungscode: SB01KP0B0034

4. Stellen Sie die zu den Ungleichungen $|z+1-i\,2| \leq 3|z+1|$ und $|z-2| < |z+i|$ gehörenden Lösungsmengen graphisch dar.

(Lösungscode: SB01KP0B005)

5. Berechnen Sie mittels $e^{i(\alpha\pm\beta)} = e^{i\alpha}\cdot e^{\pm i\beta}$ die Additionstheoreme für $\sin(\alpha\pm\beta)$ und $\cos(\alpha\pm\beta)$.

(Lösungscode: SB01KP0B006)

Kl C:

1. Bestimmen Sie alle Lösungen $z \in \mathbb{C}$ der Gleichung

$$z^2-(3+i\,4)z-1+i\,5=0$$

(Lösungscode: SB01KP0C001)

2. Untersuchen Sie die Folgen

$$z_n=\frac{1}{1+c^n} \quad \text{und} \quad z_n=\sum_{k=0}^{n} c^k\ ,$$

mit $c \in \mathbb{C}$ fest, auf Konvergenz.

(Lösungscode:SB01KP0C002)

3. Lösen Sie die komplexe Gleichung

$$\frac{1}{z-i}-\frac{1}{z+1}=1+i\,3$$

(Lösungscode: SB01KP0C003)

4. Wie muss $a \in \mathbb{R}$ gewählt werden, damit die Gleichung

$$2\sin(x) = i(e^{-ix} + a)$$

reelle Lösungen x besitzt? Wie sehen diese Lösungen aus?

(Lösungscode: SB01KP0C004)

Kl D:

1. Beweis zur Euler-Formel: Hier setzen wir voraus, dass die Ableitungen von $f(x) = e^{ix}$ als $f'(x) = ie^{ix}$ $g(x) = \cos(x)$ als $g'(x) = -\sin(x)$ und von $h(x) = \sin(x)$ als $h'(x) = \cos(x)$ bekannt sind.
Untersuchen Sie die Funktion

$$F(x) = \frac{f(x)}{g(x) + ih(x)} = \frac{e^{ix}}{\cos(x) + i\sin(x)}.$$

Zeigen Sie dass F konstant ist und leiten Sie daraus die Euler-Formel ab.

(Lösungscode: SB01KP0D001)

5.3 Potenzen und Wurzeln

Bekanntermaßen kann man aus der Zahl 8 nur eine dritte Wurzel im Reellen ziehen und erhält als Ergebnis die 2. Im Komplexen sieht das anders aus und, ebenfalls anders als im Reellen, kann man das Wurzelziehen im Komplexen elegant geometrisch darstellen. Es zeigt sich auch hier erneut die enge Verknüpfung von Geometrie und komplexen Zahlen. Grundlegend für die Berechnung von Potenzen und Wurzeln ist der folgende Satz.

Satz 5.3.1. *(Moivre)*
Sei $z \in \mathbb{C}$ in Euler-Darstellung gegeben, d. h. $z = |z|e^{i\,\varphi}$, $\quad \varphi = \arg(z)$. Dann gilt für alle $n \in \mathbb{Z}$: $z^n = |z|^n e^{i\,n\varphi}$.

Wir geben ein paar Beispiele

Beispiele 5.3.1.

1. *Gesucht ist $\left(1 + i\,\sqrt{3}\right)^{20}$. Dazu bestimme man die Euler-Darstellung von $z = 1 + i\,\sqrt{3}$; sie lautet $z = 2e^{i\frac{\pi}{3}}$. Somit haben wir*

$$z^{20} = 2^{20}e^{20i\frac{\pi}{3}} = 2^{20}e^{i\frac{(9\cdot 2+2)\pi}{3}} = 2^{19}\left(-1 + i\,\sqrt{3}\right)$$

2. *Man gebe die komplexe Zahl $z = \frac{2^{11}}{\left(1+i\,\sqrt{3}\right)^{10}}$ in der Form $z = x + iy$ an.*

$$\begin{aligned}
|1 + i\,\sqrt{3}| &= \sqrt{1+3} = 2 \\
\arg\left(1 + i\,\sqrt{3}\right) &= \arctan\left(\frac{\sqrt{3}}{1}\right) = \frac{\pi}{3} \\
\Rightarrow \quad \left(1 + i\,\sqrt{3}\right) &= 2 \cdot e^{i\,\frac{\pi}{3}} \\
\Rightarrow \quad \left(1 + i\,\sqrt{3}\right)^{10} &= 2^{10} \cdot e^{i\,10\frac{\pi}{3}} = 2^{10} \cdot e^{i\,(2\pi + \frac{4}{3}\pi)} \\
&= 2^{10} \cdot e^{i\,2\pi} \cdot e^{i\,\frac{4}{3}\pi} = 2^{10} \cdot e^{i\,\frac{4}{3}\pi} \\
z &= \frac{2^{11}}{2^{10}e^{i\,\frac{4}{3}\pi}} = 2e^{-i\,\frac{4}{3}\pi} \\
&= 2\left(\cos\left(-\frac{4}{3}\pi\right) - i\,\sin\left(-\frac{4}{3}\pi\right)\right) \\
&= -1 - i\,\sqrt{3}
\end{aligned}$$

Wurzel
Sei $n \in \mathbb{N}$, $z, q \in \mathbb{C}$, dann sind die n-ten Wurzeln Lösungen der folgenden Gleichung $z^n = q$.
Zur Bestimmung aller n-ter Wurzeln von $z^n = q$ starten wir mit der Euler-Darstellung der komplexen Zahl q: $q = |q|e^{i\,\varphi}$, $(\varphi = \arg(q))$.
Wegen $|e^{i\,2\pi}| = 1$ ist die Euler-Darstellung von q im Prinzip variabel und gegeben durch

$$q = |q| \cdot e^{i(\varphi + k\cdot 2\pi)}\,,\ k \in \mathbb{Z}$$

Diese Variabilität ermöglicht es, dass alle Wurzeln von $z^n = q$ bestimmt werden können.

$$\begin{aligned}
\Rightarrow z^n &= |q| \cdot e^{i\,\varphi} && \Rightarrow z_0 = |q|^{\frac{1}{n}} \cdot e^{i\,\frac{\varphi}{n}} \\
z^n &= |q| \cdot e^{i\,(\varphi + 1\cdot 2\pi)} && \Rightarrow z_1 = |q|^{\frac{1}{n}} \cdot e^{i\,\frac{\varphi + 2\pi}{n}} \\
z^n &= |q| \cdot e^{i\,(\varphi + 2\cdot 2\pi)} && \Rightarrow z_2 = |q|^{\frac{1}{n}} \cdot e^{i\,\frac{\varphi + 4\pi}{n}} \\
&\vdots \\
z^n &= |q| \cdot e^{i\,(\varphi + (n-1)\cdot 2\pi)} && \Rightarrow z_{n-1} = |q|^{\frac{1}{n}} \cdot e^{i\,\frac{\varphi + (n-1)\cdot 2\pi}{n}} \\
z^n &= |q| \cdot e^{i\,\varphi} && \Rightarrow z_n = |q|^{\frac{1}{n}} \cdot e^{i\,\frac{\varphi + n\cdot 2\pi}{n}} = |q|^{\frac{1}{n}} \cdot e^{i\,\frac{\varphi}{n}} \cdot 1 = z_0
\end{aligned}$$

Satz 5.3.2.
Jede komplexe Zahl $q = |q|e^{i\,\varphi} \in \mathbb{C}$ besitzt genau n verschiedene n-te Wurzeln, d. h. $z^n = q$ besitzt genau n verschiedene Lösungen, nämlich:

$$z_k = \sqrt[n]{|q|} \cdot e^{i\,\frac{\varphi + k\cdot 2\pi}{n}} = \sqrt[n]{|q|} \cdot e^{i\,\frac{\varphi}{n}} e^{i\,\frac{k 2\pi}{n}} = z_0 \cdot e^{i\,\frac{k 2\pi}{n}}\,,\ \textit{für}\ k = 0, 1 \ldots, n-1$$

Beispiel 5.3.1.
Man berechne die 3.te Wurzeln von $q = 8$.

$$\begin{aligned}
\Rightarrow |q| = 8 \quad &, \quad \arg(q) = 0 = \varphi \\
z_0 &= \sqrt[3]{|q|} \cdot e^{i\,\frac{0 + 0\cdot 2\pi}{3}} = 2 \\
z_1 &= 2 \cdot e^{i\,\frac{0 + 1\cdot 2\pi}{3}} = -1 + i\,\sqrt{3} \\
z_2 &= 2 \cdot e^{i\,\frac{0 + 2\cdot 2\pi}{3}} = -1 - i\,\sqrt{3} \\
z_3 &= z_0
\end{aligned}$$

Wie kann man grafisch alle $n-$ten Wurzeln einer komplexen Zahl q bestimmen?

Zuerst wird als Lösung der Hauptwert z_0 bestimmt, ein Kreis mit dem Radius $|z_0|$ um den Ursprung des Koordinatensystems eingezeichnet und z_0 abgetragen. Danach wird z_0 um den Winkel $\frac{2\pi}{n}$ gedreht, und man erhält z_1. Die weiteren $(n-2)$–Wurzeln erhält man durch die jeweilige Drehung um den Winkel $\frac{2\pi}{n}$.

Für die drei dritten Wurzeln aus 8, die Lösungen von $z^3 = 8$, folgt damit:

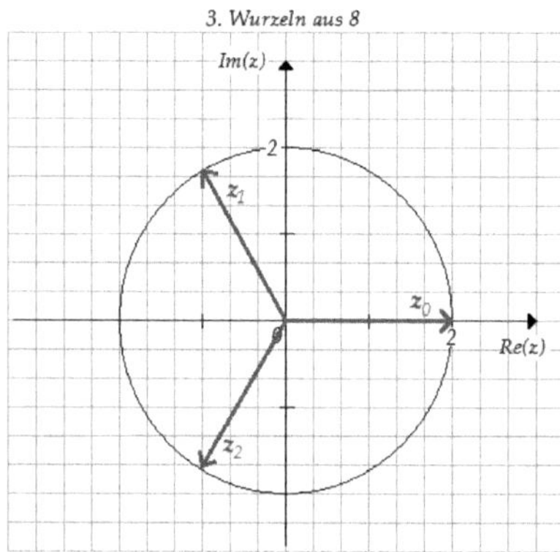

5.3.1 Kurzaufgaben zum Verständnis

1. Was ist $(1+i)^{16}$?
   □ $1+i^{16}=2$ □ 256 □ $-(1+i^{16})=-2$

2. Wie viele Lösungen in $\mathbb{C}$ hat die Gleichung $z^8=1$?

   □ Genau zwei, nämlich $z_1=1$ und $z_2=-1$

   □ Genau 8

   □ Unendlich viele auf dem Einheitskreis

3. Ist $z=1+i$, so ist z^2
   □ $2+2i$ □ 0 □ $2i$

4. Die Lösungen der Gleichung $z^4=16$ liegen

   □ auf dem Einheitskreis und sind alle um $\frac{\pi}{4}$ zu einander gedreht

   □ auf dem Kreis um den Ursprung mit Radius 2 und sind alle um $\frac{\pi}{4}$ zu einander gedreht

   □ auf dem Kreis um den Ursprung mit Radius 2 und sind alle um $\frac{\pi}{2}$ zu einander gedreht

5. Wie viele verschiedene Lösungen hat die Gleichung $(z+i)^3=-8$ in $\mathbb{C}$

   □ eine □ zwei □ drei.

6. Wie viele verschiedene Lösungen hat die Gleichung $(z^2+i)^3=-8$ in $\mathbb{C}$

   □ zwei □ vier □ sechs.

7. Die Gleichung $z^3-3z^2+3z-1=0$ besitzt in $\mathbb{C}$

   □ genau eine Lösung

   □ genau zwei Lösungen

   □ genau drei Lösungen

5.3.2 Übungen

Lösungsvideos zu den Übungen können auf www.lsgn24h.de über die Eingabe des Lösungscodes abgerufen werden.

Kl A:

1. Berechnen Sie $(1-2i)^{100}$.

   (Lösungscode: SB01PW0A001)

2. Berechnen Sie direkt mit dem Satz von Moivre $(1-i)^8$.

   (Lösungscode: SB01PW0A002)

3. Bestimmen Sie die zweite Wurzel aus $z=-4+i\,3$, d. h. $\sqrt{-4+i\,3}$.

   (Lösungscode: SB01PW0A003)

4. Bestimmen Sie die 4.Wurzeln aus $z=-i\,2401$.

   (Lösungscode: SB01PW0A004)

5. Bestimmen Sie alle sechsten Wurzeln von $z=64$.

   (Lösungscode: SB01PW0A005)

6. Zeichnen Sie in die Gauß'sche Zahlenebene alle vierten Wurzeln von $1+i$.

   (Lösungscode: SB01PW0A006)

Kl B:

1. Welche $z \in \mathbb{C}$ erfüllen die Gleichung $z^2=\frac{49}{2}+i\,\frac{49}{2}\sqrt{3}$?

   (Lösungscode: SB01PW0B001)

2. Bestimmen Sie jeweils alle $u \in \mathbb{C}$ mit $u^3=729$ und $u^4=-625$.

   (Lösungscode: SB01PW0B002)

Kl C:

1. Lösen Sie $u^3 = 32(1+i)^2$.

   (Lösungscode: SB01PW0C001)

2. Zeigen Sie, dass eine alternative Darstellung des Satzes von Moivre gegeben ist durch:
   Ist
   $$z = r\left(\cos(\varphi) + i\sin(\varphi)\right), \quad r > 0, \ \varphi > 0$$
   so gilt für $n \in \mathbb{N}$
   $$z^n = r^n\left(\cos(n\varphi) + i\sin(n\varphi)\right)$$

   (Lösungscode: SB01PW0C002)

3. Berechnen Sie für $z = 4 - 4i$ die Potenz z^8 einmal mittels Multiplikation in arithmetischer Form und einmal mit Hilfe des Satzes von Moivre. Beurteilen Sie, welche Methode die schnellere ist.

   (Lösungscode: SB01PW0C003)

Kl D:

1. Gegeben seien reelle Zahlen $a_0, \ldots, a_n$. Zu $z \in \mathbb{C}$ definieren wir ein komplexes Polynom
   $$p(z) = a_0 + a_1 z + a_2 z^2 + \ldots + a_n z^n = \sum_{k=0}^{n} a_k z^k$$
   Zeigen Sie: Ist $z_0 \in \mathbb{C}$ eine Nullstelle von p, so auch $\overline{z_0}$.

   (Lösungscode: SB01PW0D001)

Probeklausuren

Auf den folgenden Seiten präsentieren wir zwei Probeklausuren zu den Inhalten dieses Buches. Diese Probeklausuren sollen eine Idee einer möglichen Klausur als Abschlussprüfung einer einsemestrigen Vorlesung darstellen.
Als Abschluss dieses Buches ist es sinnvoll, sich mit Hilfe dieser Probeklausuren selbst zu testen, so dass Sie für sich eine Antwort auf jede der folgenden Fragen finden können:

1. Welchen Anteil der jeweiligen Probeklausur konnte ich in der vorgegebenen Zeit lösen?
2. Welchen Anteil der jeweiligen Probeklausur konnte ich in der vorgegebenen Zeit noch nicht lösen?
3. Welche Informationen fehlten mir, um die Probeklausuren jeweils zu mindestens 70% korrekt lösen zu können?
4. Lagen meine Schwierigkeiten eher im Bereich der Anwendung der Rechenmethodiken oder im Verständnis der Problemstellungen?
5. Welche Symbole habe ich noch nicht verstanden?
6. Welche Begriffe habe ich noch nicht verstanden?
7. In welchen Rechenmethodiken bin ich noch nicht sattelfest?
8. Welche Kapitel aus dem Buch sollte ich noch einmal wiederholen und durcharbeiten?
9. Welche Verständnisfragen aus dem Buch sollte ich noch einmal durcharbeiten?

G. Schlüchtermann und N. Mahnke, *Basiswissen Ingenieurmathematik Band 1*,
https://doi.org/10.1007/978-3-658-35336-0

10. Welche Übungen aus dem Buch sollte ich noch einmal durcharbeiten?

Bevor es losgeht, hier noch ein paar Tipps zum Umgang mit den Probeklausuren.

Planen Sie einen festen Zeitraum für die Probeklausuren ein, beginnend mit 10min Vorbereitungszeit bevor Sie die Probeklausur schreiben und 10min Nachbereitungszeit nachdem Sie die Probeklausur geschrieben haben. Eliminieren Sie alle möglichen Störungsquellen, um sich über die vorgegebene Bearbeitungszeit ungestört auf die Probeklausur konzentrieren zu können. So können Sie für den Zeitraum z.B. Ihr Smartphone und Ihren Computer ausschalten und für andere ein „Bitte nicht stören" Schild an Ihre Zimmertür hängen. Seien Sie kreativ und Ihren persönlichen Umständen gegenüber angemessen.

Halten Sie Bearbeitungspapier, Stift und Zeichenmaterial bereit.

Es ist auch gut, immer etwas Zutrinken griffbereit zu haben (nur nichtalkoholische Getränke) und manchem hat auch schon ein Gehörschutz zur Reduktion von Störgeräuschen geholfen. Es gibt zudem viele Bücher mit guten Tipps für die Klausurvorbereitung in ingenieurwissenschaftlichen Fächern.

Haben Sie sich und Ihre Umgebung gut vorbereitet, dann kann es losgehen. Auf den folgenden Seiten finden Sie die Probeklausuren:

Probeklausur 1

Bearbeitungsdauer : 60min	4 Aufgaben

WICHTIG:
Das Ergebnis allein zählt nicht. Der Rechenweg muß erkennbar sein!

Aufgabe 1

Sei A eine wahre Aussage und B eine falsche. Geben Sie die Wahrheitswertetabelle für die folgende Aussage an:

$$[(\neg A) \wedge (\neg B)] \vee (A \vee B)$$

Aufgabe 2

Beurteilen Sie, ob der Grenzwert der gegebenen Folge existiert und bestimmen Sie ihn falls möglich

$$\lim_{n\to\infty} \left(\frac{n-2}{n+1}\right)^{4n+2}$$

Aufgabe 3

Gegeben sei die (formale) Reihe für ein $q \in \mathbb{R}$

$$\sum_{n=1}^{\infty} \frac{4^n + n}{4^n \cdot n} q^n$$

In welcher Zahlenmenge darf q liegen, damit die Reihe konvergiert?

Aufgabe 4

Bestimmen Sie alle achten komplexen Wurzeln der folgenden Zahl

$$z = 1 + \sqrt{3}i$$

(Lösungscode: SB01PB01060)

Probeklausur 2

Bearbeitungsdauer : 90min	4 Aufgaben

WICHTIG:
Das Ergebnis allein zählt nicht. Der Rechenweg muß erkennbar sein!

Aufgabe 1 : Verständnisfragen

1. Sind A und B wahr, so ist

$$(A \wedge \neg B) \vee (\neg A \wedge B)$$

   - ☐ falsch.
   - ☐ wahr.

2. Ist die Menge der natürlichen Zahlen, die ohne Rest durch drei teilbar sind, eine Äquivalenzklasse?

   - ☐ Ja, es handelt sich um eine Äquivalenzklasse
   - ☐ Nein, es handelt sich um keine Äquivalenzklasse

3. Was ist korrekt? Die Zuordnung „Preis der Fahrkarte" → „Entfernung" eines Fernbusunternehmens ist

   - ☐ injektiv, aber nicht surjektiv
   - ☐ surjektiv, aber nicht injektiv
   - ☐ bijektiv

4. Was gilt für $P = \left\{\frac{1}{n} + \frac{1}{m}; n, m \in \mathbb{N}\right\}$?

   - ☐ $\sup P > 0$
   - ☐ $\sup P = 0$
   - ☐ Ein Supremum von P existiert nicht.

5. Gilt $\forall a, b \in \mathbb{R} \setminus \{0\} : \left|\frac{1}{b}\right| \leq \left|\frac{1}{ab}\right| \cdot |a|$?

   - ☐ nein
   - ☐ nur für $a, b > 0$.
   - ☐ ja

6. Stimmt die Aussage?
   Ist die Folge $(a_n)_{n\in\mathbb{N}}$ nicht beschränkt, so gilt $\lim_{n\to\infty} \frac{1}{a_n} = 0$.

   □ nein

   □ nur, wenn $\lim_{n\to\infty} a_n = \infty$

   □ ja

Aufgabe 2
Man beurteile, ob die folgenden Grenzwerte existieren und bestimme sie gegebenenfalls

1. $$\lim_{n\to\infty} \frac{n^9 - n^5}{3^{3n} + 6n^2 + 310}$$

2. $$\lim_{n\to\infty} \left(\frac{5^n}{n!} \cdot \sin^2(n^2 + 7n) \right)^6$$

Aufgabe 3
Bestimmen Sie mit Hilfe des Majorantenkriteriums oder Minorantenkriteriums das Konvergenzverhalten der folgenden Reihe

$$\sum_{n=0}^{\infty} \sqrt{\frac{n^4 - n}{e^{2n} + 5n + 100}}$$

Aufgabe 4
Für welche komplexen Zahlen z der Gauß'schen Zahlenebene ist die Ungleichung

$$6 < z \cdot \overline{z} + 6 \cdot \mathrm{Re}(z) + 2 \cdot \mathrm{Im}(z)$$

erfüllt?
Beschreiben oder skizzieren Sie die Zahlenmenge.

(Lösungscode: SB01PB02090)

Probeklausur 3

Bearbeitungsdauer : 120min	4 Aufgaben

WICHTIG:
Das Ergebnis allein zählt nicht. Der Rechenweg muß erkennbar sein!

Aufgabe 1
Es sei $\mathcal{B} = \{4, 5, 6, 7, 8, 9, 10\}$ als Grundmenge gegeben. Geben Sie sämtliche Lösungen X der folgenden mengenalgebraischen Gleichung an

$$\mathcal{B} \setminus \{6, 7, 8\} \cap \mathcal{B} \setminus X = \{4, 5, 9, 10\}$$

Aufgabe 2
Man definiere rekursiv eine Folge $(a_n)_{n \in \mathbb{N}_0}$ durch $a_0 = -1,\ a_1 = \frac{1}{2}$ und $a_{n+2} = a_{n+1} - \frac{1}{4}a_n$ für $n \in \mathbb{N}_0$.

1. Man bestimme a_2 und leite damit ab, dass die Folge weder eine arithmetische noch eine geometrische Folge sein kann.
2. Man zeige, dass $a_n = \frac{2n-1}{2^n}$ für alle $n \in \mathbb{N}_0$ gilt.
3. In dem man $S_n = \sum_{k=0}^{n} a_k$ $(n \in \mathbb{N})$ definiert, zeige man, dass die Reihe $\lim_{n\to\infty} S_n = \sum_{k=0}^{\infty} a_k$ konvergiert.

   (Hinweis: Mittels vollständiger Induktion zeige man, dass

   $$S_n = 2 - \frac{2n+3}{2^n}$$

   gilt).

Aufgabe 3
Gegeben sei die Menge

$$\mathcal{A} = \{(a, b), (b, b), (c, c), (c, d), (d, f), (e, e), (e, f), (f, d), (f, e)\}$$

1. Existiert eine Teilmenge $\mathcal{T} \subset \mathcal{A}$, so dass $\mathcal{T}$ eine injektive Abbildung ist?
2. Ist die Menge $\mathcal{R} = \{(a, b), (b, b), (c, c), (c, d), (e, e), (e, f), (f, d), (f, e)\}$ eine Relation auf $\mathcal{B} = \{a, b, c, d, e, f\}$ und falls ja, welche Eigenschaften besitzt sie?

   Begründen Sie Ihre Antwort.

Aufgabe 4
Gegeben sind die drei komplexen Zahlen

$$\begin{aligned} z_1 &= \sqrt{2}e^{i\frac{\pi}{4}} \\ z_2 &= 2-3i \\ z_3 &= -3+i \end{aligned}$$

1. Zeichnen Sie z_1, z_2 und z_3 in das Koordinatenkreuz ein. Lesen Sie z_1 in arithmetischer Form und z_2, z_3 in Exponentialform (Eulerdarstellung) ab.

2. Bilden Sie graphisch die Summe von z_1, z_2 und z_3. Lesen Sie das Ergebnis in arithmetischer Form und in Exponentialform (Eulerdarstellung) ab.

3. Bestimmen Sie anschließend die Summe analytisch und geben Sie das Ergebnis sowohl in arithmetischer Form als auch in Exponentialform (Eulerdarstellung) an.

Aufgabe 5
Gegeben ist die folgende quadratische Gleichung

$$0 = 2x^2 - \sqrt{8}\,bx + \sqrt{7}$$

1. Für welche Werte des Parameters $b \in \mathbb{R}$ besitzt die Gleichung komplexe Lösungen?

2. Geben Sie alle komplexen und alle reellen Lösungen der Gleichung in Abhängigkeit von b an.

(Lösungscode: SB01PB03120)

Literaturverzeichnis

[AHK] Arens, T., Hettlich, F., Karpfinger, Ch., Kockelkorn, U., Lichtenegger, K. und Stachel, H., Mathematik, Spektrum Verlag (2008)

[GAS] Asser, G., Einführung in die mathematische Logik Teil 1, Harry Deutsch Thun Verlag (1983)

[EV1] Erven, J. ,Mathematik für Ingenieure, Oldenbourg Verlag (2010)

[F1] Forster, O. Analysis I, Vieweg Verlag (2012)

[GER] Gerster, H.D., Aussagenlogik, Mengen, Relationen. divVerlag Franzbecker, Berlin (1998)

[H1] Heuser, H., Lehrbuch der Analysis Teil 1, B.G.Teubner Stuttgart (1993)

[H2] Heuser, H., Lehrbuch der Analysis Teil 2, B.G.Teubner Stuttgart (1990)

[HL1] Henze, N. und Last, G., Mathematik für Wirtschaftsingenieure, Band1, Vieweg Verlag (2004)

[K1] Königsberger, K., Analysis 1, Springer Verlag (1990)

[Lz] Lunze, J., Ereignisdiskrete Systeme, Oldenbourg Verlag (2012)

[BRu] Russel, B., The Principles of Mathematics, 2. Auflage, W W Norton & Co(1996)

[Rud] Rudin, W., Analysis, Oldenbourg Verlag (2009)

[DOT] Smullyan, R., Dame oder Tiger?, Fischer Verlag (1985)

G. Schlüchtermann und N. Mahnke, *Basiswissen Ingenieurmathematik Band 1*,
https://doi.org/10.1007/978-3-658-35336-0

Antworten Kurzaufgaben

Kurzaufgaben zum Verständnis 2.1.1

1. ☐ ☑ ☐
2. ☐ ☐ ☑
3. ☑ ☐
4. ☑ ☐ ☐
5. ☑ ☐
6. ☐ ☑ ☐

Kurzaufgaben zum Verständnis 2.2.1

1. ☐ ☑ ☐
2. ☐ ☐ ☑
3. ☑ ☐ ☑
4. ☐ ☑ ☑

Kurzaufgaben zum Verständnis 3.1.1

1. (a) ☑ ☐
   (b) ☑ ☐
   (c) ☑ ☐
   (d) ☑ ☐
   (e) ☑ ☐
   (f) ☐ ☑

G. Schlüchtermann und N. Mahnke, *Basiswissen Ingenieurmathematik Band 1*,
https://doi.org/10.1007/978-3-658-35336-0

   (g) ☑ ☐
   (h) ☑ ☐
   (i) ☑ ☐
   (j) ☑ ☐

2. ☐ ☑

3. ☐ ☑

Kurzaufgaben zum Verständnis 3.2.1

1. (a) ☐ ☑
   (b) ☐ ☑

2. (a) ☐ ☑
   (b) ☑ ☐
   (c) ☑ ☐
   (d) ☑ ☐

3. ☐ ☑

4. ☑ ☐

Kurzaufgaben zum Verständnis 3.3.1

1. ☐ ☑ ☐

2. ☑ ☐ ☑

3. ☐ ☐ ☑

4. ☑ ☐ ☐

Kurzaufgaben zum Verständnis 3.4.1

1. ☑ ☐ ☐

2. ☐ ☑ ☐

3. ☑ ☐ ☐

4. ☐ ☐ ☑

Kurzaufgaben zum Verständnis 4.1.1

1. (a) ☑ ☐
   (b) ☐ ☑
   (c) ☐ ☑
2. (a) ☐ ☑
   (b) ☐ ☑
   (c) ☑ ☐
3. ☑ ☐
4. ☐ ☐ ☑
5. ☑ ☐ ☐

Kurzaufgaben zum Verständnis 4.2.1

1. ☐ ☑ ☐
2. ☐ ☐ ☑
3. ☐ ☑ ☐
4. ☐ ☐ ☑
5. ☐ ☐ ☑

Kurzaufgaben zum Verständnis 4.3.1

1. ☑ ☐ ☐
2. ☐ ☑
3. ☑ ☐
4. ☑ ☐
5. ☐ ☐ ☑
6. ☑ ☐
7. ☐ ☑
8. ☐ ☑
9. ☑ ☐ ☐

Kurzaufgaben zum Verständnis 5.2.1

1. (a) ☑ ☐
   (b) ☑ ☐
   (c) ☐ ☑
   (d) ☐ ☑
   (e) ☑ ☐
   (f) ☑ ☐
   (g) ☑ ☐
   (h) ☐ ☑
   (i) ☑ ☐
2. ☐ ☐ ☑
3. ☐ ☐ ☑
4. ☐ ☑ ☐
5. ☐ ☑ ☐
6. ☐ ☑ ☐
7. ☑ ☐ ☐
8. ☐ ☑ ☐
9. ☑ ☐ ☐

Kurzaufgaben zum Verständnis 5.3.1

1. ☐ ☑ ☐
2. ☐ ☑ ☐
3. ☐ ☐ ☑
4. ☐ ☐ ☑
5. ☐ ☐ ☑
6. ☐ ☐ ☑
7. ☑ ☐ ☐

Sachwortverzeichnis

G. Schlüchtermann und N. Mahnke, *Basiswissen Ingenieurmathematik Band 1*,
https://doi.org/10.1007/978-3-658-35336-0

GPSR Compliance

The European Union's (EU) General Product Safety Regulation (GPSR) is a set of rules that requires consumer products to be safe and our obligations to ensure this.

If you have any concerns about our products, you can contact us on ProductSafety@springernature.com

In case Publisher is established outside the EU, the EU authorized representative is:

Springer Nature Customer Service Center GmbH
Europaplatz 3
69115 Heidelberg, Germany

Batch number: 10607162

Printed by Printforce, the Netherlands